U0394771

俞源村古建筑群营造技艺

总主编 金兴盛

浙江省非物质文化遗产代表作丛书

浙江摄影出版社

衣晓龙 阴卫 编著

总 序

中共浙江省委书记
省人大常委会主任 夏宝龙

　　非物质文化遗产是人类历史文明的宝贵记忆，是民族精神文化的显著标识，也是人民群众非凡创造力的重要结晶。保护和传承好非物质文化遗产，对于建设中华民族共同的精神家园、继承和弘扬中华民族优秀传统文化、实现人类文明延续具有重要意义。

　　浙江作为华夏文明发祥地之一，人杰地灵，人文荟萃，创造了悠久璀璨的历史文化，既有珍贵的物质文化遗产，也有同样值得珍视的非物质文化遗产。她们博大精深，丰富多彩，形式多样，蔚为壮观，千百年来薪火相传，生生不息。这些非物质文化遗产是浙江源远流长的优秀历史文化的积淀，是浙江人民引以自豪的宝贵文化财富，彰显了浙江地域文化、精神内涵和道德传统，在中华优秀历史文明中熠熠生辉。

　　人民创造非物质文化遗产，非物质文化遗产属于人民。为传承我们的文化血脉，维护共有的精神家园，造福子孙后代，我们有责任进一步保护好、传承好、弘扬好非物质文化遗产。这不仅是一种文化自觉，是对人民文化创造者的尊重，更是我们必须担当和完成好的历史使命。对我省列入国家级非物质文化遗产保护名录的项目一项一册，编纂"浙江省非物质文化遗产代表作丛书"，就是履行保护传承使命的具体实践，功在当代，惠及后世，有利于群众了解过去，以史为鉴，对优秀传统文化更加自珍、自爱、自觉；有利于我们面向未来，砥砺勇气，以自强不息的精神，加快富民强省的步伐。

党的十七届六中全会指出，要建设优秀传统文化传承体系，维护民族文化基本元素，抓好非物质文化遗产保护传承，共同弘扬中华优秀传统文化，建设中华民族共有的精神家园。这为非物质文化遗产保护工作指明了方向。我们要按照"保护为主、抢救第一、合理利用、传承发展"的方针，继续推动浙江非物质文化遗产保护事业，与社会各方共同努力，传承好、弘扬好我省非物质文化遗产，为增强浙江文化软实力、推动浙江文化大发展大繁荣作出贡献！

（本序是夏宝龙同志任浙江省人民政府省长时所作）

前 言

浙江省文化厅厅长　金兴盛

　　国务院已先后公布了三批国家级非物质文化遗产名录，我省荣获"三连冠"。国家级非物质文化遗产项目，具有重要的历史、文化、科学价值，具有典型性和代表性，是我们民族文化的基因、民族智慧的象征、民族精神的结晶，是历史文化的活化石，也是人类文化创造力的历史见证和人类文化多样性的生动展现。

　　为了保护好我省这些珍贵的文化资源，充分展示其独特的魅力，激发全社会参与"非遗"保护的文化自觉，自2007年始，浙江省文化厅、浙江省财政厅联合组织编撰"浙江省非物质文化遗产代表作丛书"。这套以浙江的国家级非物质文化遗产名录项目为内容的大型丛书，为每个"国遗"项目单独设卷，进行生动而全面的介绍，分期分批编撰出版。这套丛书力求体现知识性、可读性和史料性，兼具学术性。通过这一形式，对我省"国遗"项目进行系统的整理和记录，进行普及和宣传；通过这套丛书，可以对我省入选"国遗"的项目有一个透彻的认识和全面的了解。做好优秀传统文化的宣传推广，为弘扬中华优秀传统文化贡献一份力量，这是我们编撰这套丛书的初衷。

地域的文化差异和历史发展进程中的文化变迁，造就了形形色色、别致多样的非物质文化遗产。譬如穿越时空的水乡社戏，流传不绝的绍剧，声声入情的畲族民歌，活灵活现的平阳木偶戏，奇雄慧黠的永康九狮图，淳朴天然的浦江麦秆剪贴，如玉温润的黄岩翻簧竹雕，情深意长的双林绫绢织造技艺，一唱三叹的四明南词，意境悠远的浙派古琴，唯美清扬的临海词调，轻舞飞扬的青田鱼灯，势如奔雷的余杭滚灯，风情浓郁的畲族三月三，岁月留痕的绍兴石桥营造技艺，等等，这些中华文化符号就在我们身边，可以感知，可以赞美，可以惊叹。这些令人叹为观止的丰厚的文化遗产，经历了漫长的岁月，承载着五千年的历史文明，逐渐沉淀成为中华民族的精神性格和气质中不可替代的文化传统，并且深深地融入中华民族的精神血脉之中，积淀并润泽着当代民众和子孙后代的精神家园。

岁月更迭，物换星移。非物质文化遗产的璀璨绚丽，并不意味着它们会永远存在下去。随着经济全球化趋势的加快，非物质文化遗产的生存环境不断受到威胁，许多非物质文化遗产已经斑驳和脆弱，假如这个传承链在某个环节中断，它们也将随风飘逝。尊重历史，珍爱先人的创造，保护好、继承好、弘扬好人民群众的天才创造，传承和发展祖国的优秀文化传统，在今天显得如此迫切，如此重要，如此有意义。

非物质文化遗产所蕴含着的特有的精神价值、思维方式和创造能力，以一种无形的方式承续着中华文化之魂。浙江共有国家级非物质文化遗产项目187项，成为我国非物质文化遗产体系中不可或缺的重要内容。第一批"国遗"44个项目已全部出书；此次编撰出版的第二批"国遗"85个项目，是对原有工作的一种延续，将于2014年初全部出版；我们已部署第三批"国遗"58个项目的编撰出版工作。这项堪称工程浩大的工作，是我省"非遗"保护事业不断向纵深推进的标识之一，也是我省全面推进"国遗"项目保护的重要举措。出版这套丛书，是延续浙江历史人文脉络、推进文化强省建设的需要，也是建设社会主义核心价值体系的需要。

在浙江省委、省政府的高度重视下，我省坚持依法保护和科学保护，长远规划、分步实施，点面结合、讲求实效。以国家级项目保护为重点，以濒危项目保护为优先，以代表性传承人保护为核心，以文化传承发展为目标，采取有力措施，使非物质文化遗产在全社会得到确认、尊重和弘扬。由政府主导的这项宏伟事业，特别需要社会各界的携手参与，尤其需要学术理论界的关心与指导，上下同心，各方协力，共同担负起保护"非遗"的崇高责任。我省"非遗"事业蓬勃开展，呈现出一派兴旺的景象。

　　"非遗"事业已十年。十年追梦，十年变化，我们从一点一滴做起，一步一个脚印地前行。我省在不断推进"非遗"保护的进程中，守护着历史的光辉。未来十年"非遗"前行路，我们将坚守历史和时代赋予我们的光荣而艰巨的使命，再坚持，再努力，为促进"两富"现代化浙江建设，建设文化强省，续写中华文明的灿烂篇章作出积极贡献！

2013年11月20日

目录

序言 // PREFACE

中国乡村是在中国社会中发挥着基层作用的最为平凡的社会体系。作为一个极具生命力的载体，乡村聚落承载了巨大的传统力量，始终维系着那些稳固的文化基因。因此，我们得以从现存的农耕聚落，清晰地看到历史的痕迹。清华大学建筑学院院长朱文一先生在《浙江民居》序中说："'建筑是石头的史书'，这是西方人在19世纪说的。我们中国人，就要说，'建筑是木头的史书'了。"[1]民居建筑不仅为乡村聚落中的人们提供遮风避雨的生活空间，更是以一种穿越时空维度的倾诉者姿态存在着。因此，对于古村落中民居建筑的考察和研究就具有了重要的意义。在浙江省域内，分布着大量古村落或古村落群，这些村落中的民居建筑都有着各自的特色，尤其是浙中、浙西南的民居建筑。武义县俞源古村落就是其中之一。

俞源古村落是中国首批历史文化名村，坐落在武义县西南部，距县城20千米。古时，它是婺州（金华）与处州（丽水）交界处的一个小山村，北去婺州45千米，南往处州90千米。俞源四面环山，三面峻岭出入，背面为弯曲峡谷。南靠林草丰富的括苍山，山南便是处州。北临武川平原，平原北部便是婺州，民间有"宣武咽喉，括婺要冲"之说，可见其地理位置的重要性。它因东西群山阻隔，括婺之间唯有一条南北通道，古时近道旱路往返两地必经俞源，俞源便成为客商、肩贩的集散地，由此

[1] 李秋香，罗德胤，陈志华，楼庆西：《浙江民居》，清华大学出版社，2010年，总序二。

一度带来俞源经济的繁荣，成就了俞源村的形成和发展。

俞源的明清古建筑群浓缩了历史的时代特色和深沉浑厚的人文关怀，并以其完整的古村落遗存和深厚的宗族文化为根本，博得了来自众多国家专家学者的钟爱。俞源的明清古建筑大多保存完整，这些古建筑"多、全、精、奇"[1]，完美地展现了先辈古人的聪明才智和木石结构中的生活文化。初步统计显示，俞源古村落整体是以三百九十五栋民居构成了五十多座较为完整的古民居建筑群，总占地约3.4万平方米。单从个体上看，这些建筑结构合理、科学，而且大多数具有较高的文化、历史、艺术价值。从20世纪80年代开始，俞源古村落所具有的历史、文化以及艺术价值逐渐被人们发现、挖掘，并得到认同。俞源凭借其独特的建筑风貌、重要的历史价值、深厚的文化积淀、特有的古韵氛围，逐渐成为我国旅游业中独具魅力的新市场之一。

自2006年以来，国家文物局成功举办了六届中国文化遗产保护无锡论坛，先后对各类文物建筑保护的新领域新理念进行研讨。随着文物保护理论和理念的不断发展完善，保护的领域也更加开阔，更多的新文物建筑类别也得到了重视，纳入了保护视野。俞源古村落的传统民居建筑无疑也在文化遗产保护视野之中，而随着近年来非物质文化遗产概念的提出和广泛使用，专家、学者在面对作为文化遗产的民居建筑时

---

[1] 周志雄：《文化视野下的古村落建设——以俞源为例》。

有了更新的视角和更加深入的认识。当视角拓展到非物质文化遗产保护的层面时，不仅要对建筑物的形态、色彩、结构、装饰、布局等建筑物形态进行保护，还要对建筑营造中的手工技艺、设计理念、仪式、禁忌、传说、故事等口头和非物质层面的元素进行研究、保护。这种物质与非物质、现实世界与人文理想的融合理念，使人们加大了对传统民居建筑进行全面保护的力度。

本书正是在"非遗"保护工作深入开展、人们对古村落的热情日益增长的背景下写成的。俞源的古建筑分上宅、下宅和前宅三个大片，建筑类型多样，包括宗祠、庙宇、店铺、古墓、桥梁、私塾、书馆、戏台、花厅、民居等。本书所关注的主要是俞源的民居建筑兼及其他类型的建筑形式。民居建筑的形制不受或者少受官式建筑的影响和制约，在建筑的选址与布局上能够更紧密地与自然地势相结合，在建筑的结构上更能因材施工，在建筑的形象与装饰的创造上更能汲取乡土文化与民间艺术的养分，因而许多乡土建筑不论在平面还是在外貌上反倒具有相较于城市建筑更为生动活泼的形式。[1]本书重点探讨俞源古村落民居建筑的形制以及营造技艺和设计理念，还涉及俞源的地理历史、宗族历史状况、建筑装饰及其文化内涵、建筑的传承与保护等内容。

从20世纪80年代起，俞源古村落所具有的历史、文化及艺术价值逐

---

[1] 楼庆西：《中国古建筑二十讲》，生活·读书·新知三联书店，2009年，第209页。

渐被人们发现、认同与研究。俞源古村落凭借其独特的建筑风貌、重要的历史价值、深厚的文化积淀、特有的古韵氛围吸引着越来越多的学者对其进行探访研究，相关的研究成果也不断增多。如陈志华教授在其著作《俞源村》（清华大学出版社，2007年）中用翔实的图文资料和科学的视角对俞源古村落进行了深入的研究，其内容从村落的起源到宗族的历史再到对古建筑的考察，将整个俞源的风貌以全面而严谨的学术态度呈现给读者。周志雄与汪本学两位学者在《俞源：神奇的太极星象村》（浙江大学出版社，2011年）中对俞源古村落的形成发展、布局结构、农商经济、制度与秩序、文化与艺术、开发与保护等方面进行了考察和论述。李秋香、罗德胤等学者合著的《浙江民居》（清华大学出版社，2010年）中用一章的篇幅来详细论述了俞源村乡土住宅的形制样式、装饰装修以及相关的民间传说。作家徐清祥在其《吴越古村落：走在乡间的小路上》（广东旅游出版社，2006年）一书中，以旅行者的角度对俞源古村落的自然和人文风光作了较为详细直观的介绍和评价。朱连法在《太极俞源》（上海人民出版社，2006年）中对俞源的太极星象之说、村落起源传说、刘伯温传说、自然风物、人文风俗等方面作了详细的论述。在此之外，关于俞源古村落的地理风貌、历史沿革、宗族历史、堪舆风水、开发保护等各个方面研究成果的期刊论文不胜枚举。这些相关的资料为我们前期的考察和后期的学习研究奠定了坚实的基础。

地理及历史概况

俞源村呈北斗形，群山环绕，林木茂盛，高山泉水汇成的俞川溪流过村中心，把整个村划分为东西两部分，村口溪流呈「S」形。据传，俞源古村落的布局为明朝开国谋士刘伯温所设计，其中更是体现了道家的思想观念。

地理及历史概况

　　村镇空间格局，主要由巷道、中心场所以及村镇地标所控制，以此决定村镇的空间形态。尽管农业社会中的村镇发展往往是一个自发的过程，但由于整个村镇成员对地理与气候、风水与信仰、生活方式和文化观念等因素基本达成共识，因此形成了村镇格局和聚落景观，并注重群体的塑造和整体关系的建构。[1]俞源村呈北斗形，群山环绕，林木茂盛，高山泉水汇成的俞川溪流过村中心，把整个村划分为东西两部分，村口溪流呈"S"形。据传，俞源古村落的布局为明朝开国谋士刘伯温所设计，其中更是体现了道家的思想观念。

[壹]俞源的地形地势

　　古代人选址营建村落不可避免的重要步骤就是通过风水堪舆之术选择合适的村落基址。现代建筑学泰斗梁思成也曾说过："风水等中国思想精神，寄托于建筑之上。"[2]可见古人对风水之说的重视。

---

[1] 黄续，黄斌：《婺州民居传统营造技艺》，安徽科学技术出版社，2013年，第30页。

[2] 梁思成：《中国建筑史》，百花文化出版社，2005年，第64页。

俞源溪流过村中心，把整个村划为东西两部分

　　历史上，俞源原属宣平县。宣平在武义之南，但俞源在县境北缘，与武义县贴邻。俞源村庄呈北斗形，群山环抱，峙耸绵延，林木茂盛。村落所在的山谷，海拔大约在170米，最宽处不过180米。北面的锦屏山海拔有418.2米。村南有一群更高些的山，共有六个尖峰，总名六峰山。村西有雪峰山，村东有仙云山（啸云山）和龙宫山。外围，东南方为九龙山，西方为井冈山，南方偏东的一座山峰叫白岩头

尖。村基与山峰的相对高差超过500米，山高谷深，形势险峻。民国《宣平县志》记载，道光乙酉（1825年）拔贡俞宗焕写的俞源《广惠观重修记》说："宣邑山水惟俞源为最。自九龙发脉，如屏、如障、如堂、如防，六峰耸其南，双涧绕其北，回环秀丽，如绘也。"把山形容为如屏、障、堂、防，可见山形都十分陡峭。若将村庄四周的群山从北向西排列，则依次为丛蓬岗、青龙山、白虎山、金屏山、九龙山、龙宫山、梦山、经堂山、李丁山、背山头、西山等。

俞宗焕记文中所谓的"双涧"，指的是俞源村谷底的两条溪。民国《宣平县志》上说："俞源双溪……一自清风岭外来，一自九龙山来，两涧合，西流转北，经寨头会樊川水下金华到钱江口。"清风岭外来的，叫西溪，由南而北流到俞源，大约8到10米宽，是浑水；九龙山来的，叫东溪，由东南向西北流到俞源，大约10到15米宽，是清水。东溪又有两个源头：一个大致在正东，出于仙云山和龙宫山之间的峡谷，叫仙云水；一个偏东南，出于龙宫山的峡谷，因上游有沉香托梦的龙潭，叫龙潭水。

东溪与西溪汇合在俞源村的西侧，那里有"八景"[1]之一"双溪钓月"。汇合后的俞川溪，大约20米宽，再略向西流短短一程便转向

---

[1] 八景景目分别是：双溪钓月、九陇耕耘、雪峰晓霁、西山暮雨、琳宫晚钟、啸云秋猿、龙宫瀑布、硖石潮音。见徐清祥《吴越古村落：走在乡间的小路上》，广东旅游出版社，2006年，第84—85页。

北，过了锦屏山形成两个大河湾，绕过凤凰山，便直下丽阳川奔钱塘江而去。两条溪在过去森林茂密的时候水量很丰沛，都是全岩为底，落差大，不断形成白花花的跌水。东溪岸高水低，岸边砌长长的台阶下达埠头。溪流旁土岸，长着芦苇和野草。

东溪将整个村庄分隔成前宅和后宅，后宅又分为上宅和下宅。堪舆书《宅经》认为："宅以形势为骨体，以泉水为血脉，以土地为皮肉，以草木为毛发……"俞源村被青山环绕形成了书中所谓的骨体，双溪贯穿村庄成为了丰沛的血脉，村北的一片开阔、平坦、肥沃的土地则是丰腴的皮肉，村庄周围茂密的林木植被是旺盛的毛发。这些地形地势和植被特征都满足了古人对风水古宅的选址要求。

俞源村整体上坐北朝南，以笔架形的六峰山为朝山，馒头形的梦山为案山，高耸的李丁山为祖山。一般村落只有上、下水口，俞源却多一处中水口。上水口位于洞主庙前，是两条坑源合一的上宅溪上游；下水口位于村北丛蓬外；中水口为大黄岭峡谷溪水入村处。刘基（刘伯温）在《堪舆漫兴》中以七言诗论述了祖山、案山、朝山，认为："两水夹来为特朝，朝山此格最清高。"如此说来，俞源的朝山可谓"清高"之山。《入山眼图说》则说："凡水来处谓之天门，若来不见源流谓之天门开；水去之处谓之地户，不见水去谓之地户闭。夫水本主财，门开则财来，户闭则财用不竭。"对照这些要求，俞源村

中国历史文化名村——俞源

堪称上佳风水所在。

　　俞源因其地理位置的独特性，具备了交通便利的优势。它位于从武义到宣平的大路上，也便是从婺州（金华）到处州（丽水）的大路上。从婺州（金华）到杭州可经钱塘江通舟楫，从处州（丽水）到温州则可直下瓯江，也通舟楫。因此，古时杭州和温州之间的官私交通都走这条经过俞源的路。俞源北距武义城45里，南距宣平城也是45里，正是赶脚人一天路程的中点。加上它正处在山地和平畴的交会点上，自然是一个停脚休憩的好场所。俞源又是地方性小水运的起点，它身边的俞川溪将近20米宽，虽因多急弯，不足以通舟楫，甚至不通竹筏，但可以在旺水季节流放短木材，乡人

俞源村古建筑群被列入全国文物保护单位

叫作"赶羊"。下去十几里，到乌溪桥便可以编排外运。别的山货也能从那里经武义江直下钱塘江。俞源得了水陆转运、山货汇集的便利，所以很早就有小歇栈和小商店。

　　单纯依靠山场、官路和小溪，俞源人还是不可能富起来的，他们依靠的更多的是从迁来之始便有的社会和文化优势。俞源古时称朱颜村，由朱、颜两姓家族组成。后来俞姓族人迁到此地居住，逐渐发展繁衍，形成以俞姓为主的村落，遂称"俞源"。当俞氏家族入住此地之后，朱、颜两姓日趋衰落，取而代之的是繁衍八百多年长盛不衰的俞氏家族。现在村中两千多人口大多姓俞，是全国规模最大的俞姓聚居地之一。

[贰]俞源的村落格局

俞源古迹众多，古建筑丰富，村落布局相传为刘伯温等人设计，村口有巨型"太极"图案。更为玄奥的是，俞源古村落布局实际上是"天体运行形象"，即由二十八星宿、北斗、黄道十二宫组成的星象图，这比"八卦"要复杂。

来到俞源，迎接你的首先是一个占地120亩，直径达320米的，由田地、路、河构成的巨型太极图。在李丁山上俯瞰村口，可以更为清晰地欣赏太极图全貌。流经田畈中央的"S"形太极河，准确地勾勒出代表阴阳的太极双鱼。阴阳鱼眼准确合宜，体现出"阴中有阳、阳中有阴"的太极思想。对普通百姓而言，太极图案主要是起到民俗意义上的趋吉避凶、祈福纳祥的功用，体现了一种向往美

人与自然和谐共存的俞源古村落

好、平安、幸福的民俗心理。

　　至于星象村一说，是由武义县李纲纪念馆馆长马林先生提出的。1998年，马林到俞源考察古建筑群，退休干部俞步升向他介绍说俞源村中有七口水塘，称为"七星塘"。马林一听就明白"七"有着特殊的涵义，便又询问厅堂有多少。"保存完好的尚有二十八座。"马林一听，又留意起"二十八"这个数字。为了探个究竟，两人进行了实地考察，发现七口水塘似北斗星排列，二十八座厅堂鳞次栉比、布局有序，深感俞源村落布局不凡。他回家以后细细研读俞氏宗谱，专注探讨"七"和"二十八"两个特殊的数字，并结合村口的巨型太极图，寻找相关资料进行研究。经过一段时间的探讨，终于理出一个头绪，从理论上概括出一幅俞源星象布局的蓝图。随后，他便从理论上阐明他的设想，并撰写了论文《武义县发现星象布局村落——俞源撩开神秘面纱》，刊登于《钱江晚报》。以后他又接连在报刊上发表多篇文章，媒体记者也竞相报道。1998年，俞源就以"太极星象村"头衔正式对外开放，成为旅游胜地。

　　作为太极星象的具体标志，村内的七星塘即为"北斗"，而大量的古建筑群则为"二十八宿"，村口的巨型太极是环绕"大北斗"星宿距离最近的"黄道十二宫"，即双鱼（阴阳鱼）星座。俞源的村落布局与1974年在河北张家口发现的辽代砖墓"星象图"基本一致。因此，俞源的古建筑群呈现出"群星拱北斗"的天体星象奇观。

　　俞源古村落是一个保存完好的古生态村落，暂且不论村落布局的太极星象说，就俞源村的建筑格局而言，它是根据古人的"风水"意识并结合了"天人合一"的世界观，力图构筑的一个人与自然和谐共存的村落。

　　从民居聚落结构看，俞源村形成了围绕不同房派的宗祠或祖宅组成块状式的、以血缘关系为纽带的聚落结构。俞源村形态狭长的村落分为三个大区：东溪北岸的东南部叫上宅，东溪东北岸的北部叫下宅，下宅对面的东溪南岸叫前宅。上宅和下宅住的都是俞姓人。前宅为俞姓和李姓、董姓杂居：俞姓，住北部；南部有个里巷门叫"陇西旧家"，住的都是李姓人；董姓人不到十户，也住在南部。上宅的俞姓以万春堂、裕后堂两个房份为主，下宅以声远堂、逸安堂两个房份为主。声远堂后有书馆，为房份内子孙读书之处，有读书之声远传，故名曰"声远"。而其对面为六峰山，故此堂又叫六峰堂。万春堂、裕后堂居住的是六世祖善麟的后代。前宅的俞姓堂号德馨，是六世祖善护一脉。俞氏一些小房份没有堂号，杂居在上宅、下宅和前宅。李姓只有一个堂号，叫贻燕堂。

[叁]俞源的历史沿革[1]

　　俞源村是一个姓氏杂居的聚落，最早的居民自宋朝迁入，俞姓是村中大姓。俞源村在明初、明末两次大盛，完成村落基本建设。清

---

[1] 参见陈志华：《俞源村》，清华大学出版社，2007年，第37—46页。

初兵祸连绵，又几乎被完全摧毁。乾隆年间才得以复兴，掀起住宅建设高潮。历经了始迁、发展、鼎盛、衰落、复兴，小小村落在历史长河中顽强生长、繁衍不息。

俞姓是南宋末年从丽水迁来的；李姓是明代初年从括州九盘山迁来的；董姓则是明末万历三十年（1602年）由南边大黄岭迁来，住在"美女献花形"一带。道光年间重修洞主庙时，俞源共有六甲，俞姓四甲，李、董二姓各一甲。那时董姓有七十二人，后来逐渐衰落。

早在俞姓迁来之前，这里就有朱姓和颜姓的小村子。颜姓的村子位置偏西，现今俞氏宗祠所处的地名还叫颜背冈。凤凰山下广惠观那里，从前叫颜村口，有过一座李冰庙。俞氏四世祖俞仍的夫人是颜氏，从始迁祖俞德到俞仍，都是单传，颜氏生了三个儿子，从此子孙繁衍，蔚成大族。因此，俞氏宗祠的寝堂东边三间小跨院供奉颜氏先祖，叫颜祠。村人传说这三间是建于宋代的颜氏宗祠保留下来的一部分。

俞源俞氏的兴起始于元代末年五世祖敬一公俞涞。民国《宣平县志》记载："（俞涞）号二泉，博学宏才，志存康济。元末盗起，有保障之功，监司表为义民万户，谦让不受，以布衣终。平生往来诸缙绅间，故太史宋公濂志其墓，苏公伯衡记其祠，刘公基赞其像，咸备录焉。善吟咏，所著有诗集若干卷，毁于兵火。"

在这场平乱事件中，俞涞的次子善麟起了主要作用。当时俞氏人口估计不足三十，却能纠集民兵，可见这个家族已经很有声望，并且很富有。平乱之后，他们的居住地便得名为俞源。由于明代初年俞家和许多大名人往来，群贤毕至，所以景泰三年（1452年）设宣平县时，俞源所在的乡便被命名为集贤乡。

俞涞之后，俞氏家族过了一百多年平平常常的乡绅生活。这中间村子经历了景泰初年导致宣平设县的由陶德义领导的银矿工人起义。明朝中期嘉靖年间，由于科举入仕众多和俞氏宗祠大规模兴建，俞源村又呈现出一个比较短暂，但奇峰独傲的鼎盛期。嘉靖年间，俞族可谓科举隆盛，人才辈出。

第三个兴盛期，为太平盛世的清朝中期，历康熙、雍正、乾隆、嘉庆、道光五代近二百年。此间，俞氏富户大兴土木，竞相建筑厅堂大厦。俞源古建筑群的现存建筑物，大多建于这段时期。

而到了道光之后清代末期的六十余年，俞源便极少有新的建筑物出现，太平军临村时还毁了思忠厅、上宅厅和李祠。至于后继的民国年代，就鲜有像样的民居建筑落成了，也就是说，道光之后，是俞源经济文化发展的消退期。

俞源古村落的宗族谱系

俞源古村落地处崇山峻岭之中，俞氏宗族在生存条件极为恶劣的情况下，组织族人改造环境，使之成为人与自然和谐相处的乡村社会。千百年来，在特定的时空条件下，经过一系列的社会变迁，古村落已形成宗族组织、文化和商业的良性互动，从而创造了古村落的文明。

俞源古村落的宗族谱系

　　俞源，顾名思义为俞氏一族之源，这个古老宁静的小村庄真的是俞姓的源头吗？据《史记》记载："黄帝之时，有臣俞跗，后代以其名字中的俞为氏。"俞姓作为我国最古老的姓氏之一，出自上古时期，至今有四千多年的历史。俞姓历史上出过许多名人：南朝有俞金；唐代有俞文俊；宋代有屯田郎中俞汝尚，武宁主簿俞君选，承议郎俞松，中书舍人俞烈文，诗人俞灏、俞琰；元代有学士俞弈会、翰林国史院编修俞述祖；明代有开国名将俞通海、抗倭名将俞大猷、山东参政俞泰；清代有小说家俞万春、学者俞樾。据俞源《俞氏宗谱》记载，俞氏宗祠堂名"流水堂"，出自春秋战国时期俞伯牙的传说。因俞伯牙与钟子期"高山流水遇知音"的典故，俞氏就以"流水"为堂名，一直沿用至今。

　　俞源古村落地处崇山峻岭之中，俞氏宗族在生存条件极为恶劣的情况下，组织族人改造环境，使之成为人与自然和谐相处的乡村社会。千百年来，在特定的时空条件下，经过一系列的社会变迁，古村落已形成宗族组织、文化和商业的良性互动，从而创造了古村落的文明。中国社会的变迁也在这里引起反响，但是由于宗族聚居的格局使古村落社会具有特殊的应变力，直至近代，俞源古村落仍保持自身的稳定。

[壹]俞氏渊源

俞源俞氏宗族的渊源是个谜。记载族史、村史的权威典籍《俞氏宗谱》对俞源始祖有两种解释，一是"陷柩结藤"说，二是"雅爱山水"说。"陷柩结藤"说法依据的是俞氏二十二世孙、廪生俞大章在清乾隆四十九年（1784年）修撰宗谱时所写的《增修宗谱序》，但这种说法支持者不多。

"雅爱山水"说在俞氏宗谱中则有多种版本记载。如明朝万历四十二年（1614年）编撰的家谱后序中写道："盖其始祖处约，府君德者……而雅爱山水之奇，数游览括、婺间，见婺界有所谓九龙山者，其下溪山秀丽，风气廻环，欣然有卜居之想矣。仕无几何，辄而脱却名利关，创此安乐境，则今俞氏千百世不拔之业，实托始焉。"这段叙述大致说的是，俞德小时跟随在义乌任金判的父亲一起生活，学业卓著，南宋时被"征辟"为松阳县儒学教谕（相当于现在县教育局长的职务）。从俞德的家乡到松阳，当时只有一条山路，九龙山下的朱颜村是必经之地。屡次往返于此的俞德，十分喜爱这里的秀丽山水，他觉得反正"仕无几何"，便选择"脱却名利关，创此安乐境"。依笔者之见，这种说法似乎更有说服力。总之，有一点是一致肯定的，即俞德被认定为俞源俞氏家族的一世祖。他的一次偶然选择，竟然演绎了俞源俞氏家族八百余年的历史。

俞源村的前身本是朱村和颜村，但自俞姓定居后，人丁日渐兴旺，而朱、颜两姓却渐趋式微。朱村位于今俞源上宅，有前朱、后朱之分，前朱在今内坞口一处，后朱在裕后堂一片。俞源村上宅双枫巷原名为"后朱巷"，民国初年才改称为双枫巷。从双枫巷到白虎山脚、裕后堂屋后的石子大路至今仍沿用古名后朱路。后朱路前段为金屏山脚，至今尚留存朱姓祠堂完整的墙脚。墙脚为一般溪滩石砌成，基上部泥筑在20世纪50年代被生产队掘去用于烧焦泥灰。俞源村口两溪合流处叫"颜背江"，下游为古代颜村，古村遗址现已建小学大楼。俞源四世祖俞仍娶妻颜氏，一半子女随母姓，故俞源也叫俞颜村。当时村落由于受水、旱、瘟疫等灾害影响，朱颜二姓人丁大减，大部分外迁。

随着时间的推移，朱颜二姓逐渐衰退，直至最后从俞源村消失。而俞氏由于社会交往广，在松阳同行下代、杭州祖处亲房叔伯支持下，获得钱财及医药的支持，从而渡过了难关。由此，俞姓逐渐替代朱颜二姓，朱颜村变成了俞源村，这就是俞源的由来。

从俞源一世祖俞德起，三代单传，至第四世俞仍（字元八）才得有三子俞涞、俞浪、俞汪，人丁开始兴旺，以后愈衍愈繁。一百多年后，至明朝开国，俞源已经形成一个有一定社会影响的俞姓村落。

[贰]俞氏繁衍

据俞源《俞氏宗谱》记载，俞姓出于周姬之后，周封支子为俞侯，因以为姓。春秋支分东鲁，至五代继入武林（杭州），嗣后蔓延括、婺、明、越。俞源之族则从南宋开始。

始祖俞德的身世至今仍是一个谜，因谱牒遭兵毁之故，宗谱中没有明确记载有关俞德的身世。谱牒中虽有提到俞德的出处，但表述都极为模糊，难能自圆其说。俞冲是俞德第八代孙，明永乐名教授，其祖父就是善护。俞德的身世历史上没有定论，缘是过去交通不便，信息闭塞，未经详考或者谱毁查无结果之故。始祖身世尚待考证。

自从俞德创居后，人丁逐渐兴旺。俞德生义，义生至刚，至刚生仍，仍生涞、浪、汪三子为第五世。俞涞字巨川，号二泉，生四子：长子善卫，字原善，号西峰；次子善麟，字原瑞，号竹坡；三子善诜，字原礼，号石山；四子善护，字原吉，号皆山。俞浪字巨渊，号少川，生二子：长子善存，字原贞；次子善章，字原积。俞汪字巨源，号三峰，生二子：长子善伦，字原叙；次子善仁，字原性。

为了日后繁衍子孙序昭穆分伦次，元朝至正年间，刘伯温就为俞涞子孙排辈取字目，从第五世开始。首取行第字目十个字：敬、卫、恭、仪、像，权、衡、福、寿、昌。以后随着人丁日繁，又续取了三十个字：荣、华、成、礼、义，富、贵、遂、贤、良，孝、友、经、纶、焕，慈、祥、恺、悌、彰，修、齐、崇、正、直，长、幼、乐、安、康。至民国14年（1925年）葺谱，因嫌长、幼、乐、安、康的"康"与"坎"谐音，改作弘、毅。

下列五代世系为俞族前期繁衍情况：

一世祖俞德，字处约，称二八府君。俞德生义，义生至刚，至刚生仍，仍生涞、浪、汪。

五世以下至三十二世可查俞氏宗谱，兹不赘述。

俞族自南宋俞德开始至今已繁衍三十二代，历八百余年。今天的俞源已是以俞姓为主聚居的一个大村。经考证，至今的俞族子孙是由涞和汪二支繁衍发展而来的，而浪公已无后嗣。

涞公名下只有善麟、善护二支沿袭至今，善麟一支分布在上宅与下宅，善护一支分布在前宅下市街。汪公仅善仁一支，分布在前宅大屋里。

[叁]三姓睦居

俞姓定居繁衍，朱、颜两姓逐渐消失，俞源村替代了朱颜村。尔后，俞氏家族一统俞源的状况，到明代洪武年间即1370年前后，被一位丽水青年改变了，他就是李彦兴。据李氏家谱记载，李彦兴系唐北海太守李邕的第二十四代孙。李彦兴只身来俞源创业，不久娶俞涞的孙女（俞善卫女儿）为妻，成家立业。李彦兴遂成为俞源李氏一世祖，至今已传二十二代，历六百余年。现在，李姓居户在俞源约占12%。清康熙年间即1684年前后，又有董姓人迁入，改变了俞源村俞、李一家亲的格局。俞源董姓始祖董洪定居大王岭头，到现在已繁衍了十三代，历三百二十多年。李家古居在李宅，名曰"陇西旧家"，后向南延伸至六峰山麓一带。李宅有座傍山而建的环翠楼，关于环翠楼有段精彩的描述："以有形之翠为翠，以无形之翠为翠，不是目遇之翠为翠，而是心通之翠为翠。楼高望月，心旷神怡，宇明爽垲，神仙好居，天光云彩，万象皆翠。"可惜，不到十年，这座精美的堂楼在清顺治十二年（1655年）遭兵燹。始建于明万历元年的李氏宗祠，三遭兵毁，在乾隆、嘉庆年间重修后，又于同治年间毁于火灾，历经磨难的李氏宗祠，在光绪年间重建后，一直保存至今。李氏家族最知名的贤达，是贡元李嵩萃。他身为乾隆年间俞源首富，为公益事业竭心尽力，为蒙学立"家训阁"，为消遣建"八角亭"，为养老辟"养老轩"，其古迹至今犹存。为此，获得了邑侯雷公题赠的"急公好义"匾额。李姓家族曾一度兴盛，但还是比不上俞姓。全村现有人口中，俞姓人口十中有七，村内现存精美恢弘的古建筑，也大多是俞姓祖先所留。

李家古居在李宅，名曰"陇西旧家"

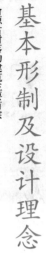

基本形制及设计理念

俞源古村落的建筑主要有宗祠、牌楼、古桥，这些不但是俞源古村落的构成要素，其承载的功能更是体现出俞氏宗族的组织形式。

基本形制及设计理念

　　俞源古村落的建筑主要有宗祠、牌楼、古桥，这些不但是俞
源古村落的构成要素，其承载的功能更是体现出俞氏宗族的组织
形式。俞源村现存楼堂、大厅、小厅、阁、馆、院、台、祠、庙等屋
三百九十五栋（其中：元朝九栋，明朝四十九栋，清朝三百三十七
栋），构成五十多座结构完整的古民居建筑群，占地约3.4万平方米。
上宅、六峰堂、前宅三个古建筑群分布清楚，布局合理。住宅建筑是

俞源村单体民宅为封闭状的四水归堂式

第一进通常为前厅和正房

历史上最早出现的也是最基本和数量最多的建筑类型，它与人民日常生活结合得最为紧密，因地制宜、因材致用的特点也最为突出。为利于通风和遮蔽强烈的阳光辐射，南方住宅多采用硬山顶，屋檐深挑，天井较小，室内空间高敞，往往强调风向而不强调日照，故不一定为正南朝向。而俞源村采取街巷布局，住宅大多数面街巷而建，朝向更加各异。单体的民宅为封闭状的四水归堂式，其平面布局大体类似于北方的四合院式，只是以较小的天井取代北方较大的庭院。其主要入口，明代和清代前期住宅多为侧入式，清中期以后大门一般开在中轴线上。第一进通常为前厅和正房，厅多敞口，与天井

说明：厅在武义有两种含义：一为大厅或厅堂，一般为三或五间的单房建筑，抬梁构架，为全建筑最精美之处；二为二层建筑，底层敞开，为大通间。

连为一体；二进以后多设楼层，楼上宛转相通。典型的清式民宅正厅在上堂，后天井要更小一些。

厅堂为三或五间单房落地建筑，明或明、次间抬梁，次或梢间穿斗、抬梁结合，正堂的明间亦有作穿斗、抬梁结合式的。外围砌较薄的空斗墙（空斗墙在俞源多见于晚清或民国建筑），两侧面常做成各式各样的封火山墙。屋顶不用苫背，仅铺小瓦，较薄且轻。厅堂内部依据使用目的的不同，用槅扇、屏风等装修自由分隔，通常的手法，是作木质装修的"宝壁"。下堂前檐部常做成各式的轩，形制秀

封火山墙

美且富有变化。梁架与装修仅加少数精致的雕刻，少量施彩绘，整个建筑色彩素雅、明净。

[壹]俞源民居建筑的基本类型[1]

俞源村住宅有大、中、小三种类型：大型住宅供整个家族居住，高堂大屋，有家族集权的强烈色彩，几乎全部建于明初、清初两个建设高潮时期；中型住宅占总数的大半，是俞源村住宅的基本模式，小家庭居住空间舒适，大多建于清代和民国年间；小型住宅如井头楼、锦屏楼建造精美，而有的则质量较差，为穷人所居，反映出家庭内部的社会分化。

俞源村现存民国初年以前的住宅大致有四十八幢，另有九幢已毁但基址清晰可辨，这五十七幢住宅构成了两千多人的整个村落。其中，七幢半大致可以判断为明代建筑，五幢建于民国年间，其余都是清代的。这些古老住宅的主体绝大部分是内院式的，大致可以把它们分为大型、中型和小型三类。

1. 大型住宅

大型住宅是集合住宅，形制是单中心的，是小型住宅的放大版。

大型住宅的中央主体有前后两院，又可以分为三种形制：第一

---

[1] 参见李秋香，罗德胤，陈志华，楼庆西：《浙江民居》，清华大学出版社，2010年，第134—156页。

种为三进两院，有门屋、大厅和堂楼，这是最大型也最完备的，如裕后堂。第二种没有大厅，前、后院只用一面墙分隔，但第一进门屋中央是三间通畅的大门厅，如上、下两座万春堂。第三种则有大厅和堂楼，没有门屋而只有前墙，叫作"前厅后堂楼"，如六峰堂。这三种大型住宅都有两厢。堂楼和厢房是两层的，大厅为单层落地，高敞而豁亮。第一种的门屋是两层的，第二种的大门厅是单层的，不是有一个大厅，便是有一个大门厅。总之，它们都有一个宏大的厅堂。

全村原有大型住宅十一幢，其中五幢已毁。上宅原有五幢，现存三幢，其中裕后堂是"三进两院"的唯一实例，另两幢为上、下万春堂，属"用砖墙分隔前后

裕后堂一隅

六峰堂

六峰堂为"前厅后堂楼"

裕后堂

院"的。上宅烧毁的有二幢，其一是明代俞大有的祖屋，俗称"进士楼"，万春堂的太公俞从岐便出生在这座大宅里。其二叫"思忠大厅"，早在咸丰年间烧毁。下宅只有一幢大型住宅六峰堂（声远堂），是前厅后堂楼。下宅临东溪的一小块地方叫"下明堂"，有一座大宅便是俞文焕先人造的，可能是明代遗物，为前厅后堂楼式建筑。俞文焕的学生于敏中考中状元后送了老师一块匾，称它为"佑启堂"。前宅原有幢大型住宅，三幢俞姓的，都已经毁掉。俞涞的弟弟敬三公造的一幢，在明景泰二年（1451年）的银矿工人和农民暴动中被烧毁，现今在旧址上有一幢三开间加两厢的小屋，属德馨堂。另一幢是俞涞的大儿子善卫造的，作为女儿的嫁妆赠给了李彦兴，原

声远堂牌匾

来是前厅后堂楼，现在残存五间堂楼和六间厢房，有不少改动。前宅还有一幢俞姓的大宅造得很晚，是俞万荣的万花厅（1906—1912年造），前厅后堂楼，1942年被日军烧成灰烬。前宅现存的唯一一幢大型住宅是李姓的，可能在明代成化年间由李春芬、李春芳两位拔贡兄弟初建，乾隆年间经李嵩萃大修过，这也是一幢前厅后堂楼的大

石库门上方有石匾刻"急公好义"四个字

宅。前墙的随墙石库门上方有石匾刻"急公好义"四个字，是邑令题赠给李嵩萃的。这十一幢大型住宅中，三进两院的只有一幢，用砖墙分隔前后院的有两幢，七幢是前厅后堂楼式的，敬三公的那幢情况不明。除前宅李家的堂楼是五开间外，其余的都是七开间。

　　除了清代末年的万花厅外，它们都分别建造于明代初年和清代初年俞源村的两个建设高潮时期。前宅的四幢中有三幢造于明朝初年；下宅的六峰堂后半部分堂楼造于明末，大厅造于清初；上宅的都造于清代初年。俞源村由前宅向下宅再向上宅的发展过程很清晰。

俞源村现存的六幢半明代住宅里，有三幢半是大型住宅，可见大型住宅在明代是很重要的住宅类型。它们并不是供一个家庭居住的，而是供宗族的一个房份居住的，家庭的私密性很小。

以上所述是大型住宅的主体，它的四周有砖墙。墙外的左右和背后三面，各有一两列整齐的伙屋（又叫伙厢），面向中央。伙屋围着中央院落，像个套子，所以也称为"套屋"。中央院落是主人家族起居用的，伙屋则包括厨房、仓房等和男女佣工们的住屋。有些佃户和穷困的本家也可以借住在伙屋里，占了很大的一部分。伙屋一般比较简陋，常用夯土墙。但有些大型住宅占用几间伙屋或在伙屋外另建自成小院的书房、小客厅、宾舍等，装修很精致。

因此一幢完整的大型住宅规模很大，如上宅的裕后堂，房间共有一百五十八间之多。三幢大型住宅便占了上宅一半多面积，所以俞源村人口不少而住宅总数却不多。建造这样大的住宅，一是因为明代和清代初年俞源村一些经商人家有很强的经济实力和较高的社会地位；二是这些人经济条件优越，可能有一种虚夸的心理冲动；第三，大约当时纯农业社会的传统性还很强，作为家族单元的房份的内聚力还相当大。总之，读书人以牌坊、旗杆、金匾彰显他们的科第成就，而商人则以华丽的豪宅彰显他们经营的成就。清代中后期不再造大型住宅，或许是长期经商以后，宗法制度力量渐渐有所削弱，家族单元分得比较小的缘故。

　　这些大型住宅的中央主体院落很大，如裕后堂是全村最大的古屋，有房二十多间，有"大大厅"之称谓。六峰堂有十九间，它们当然由各个小家庭分住。年代稍久，一幢大宅可能有三四代家庭。析炊之后，伙屋要足够大。大型住宅里的生活，具有父权家长制的强烈色彩。大厅、堂楼里的轩间（正房明间）、香火堂、檐廊、院子等都是公共财产。轩间里大家共同祭祀房派或支派历代的先祖。大厅是公用的礼仪空间，住在大宅里的人，都可在那儿举办红白喜事。举丧的时候，在大厅停枢七天，宅里的族人们家家都去上香礼拜。不住在大宅里的同一房份的人，也可以使用大厅。宗法制的亲情维持着宗族的团结和秩序。但是住宅的平面布置很简单，如同小住宅的放大，各个核心家庭没有自己独立的、功能比较齐全的、舒适的内聚性空间。所有的房间在檐廊里开门窗，直接面向院子。在这种环境里，家庭生活没有私密性可言，声形举动都在别人耳目之下。妇女不避人，也不可能避人。理学家们设计的种种妇女生活规范在这些大型住宅里根本不可能得到遵循。在父权家长制很强的时代，人们对这种生活方式或许可以习以为常，但一旦家长制的力量有所削弱，这种生活方式便被淘汰。于是，从清代中期起，中型住宅便成了主要的住宅类型。

　　大型住宅的代表是乾隆晚期建造的上宅的裕后堂，为俞林模所建。它的主体是三进两院，后院是标准的七正六厢楼房，楼梯在厢房前端而不在正房两端。门屋七开间，中央三间连通为通高的门厅。第二进落地大厅也是三开间，它们的两侧各有七间厢房，前贯通连排，前檐廊直对前面的旁门。门屋的梢间和末间的开间随厢房的间架。门厅有一道樘门，六扇。前院两厢正中一间为小厅。主体背后和左右各有十二间成排的伙屋，还夹一间楼梯弄。背后的十二间伙屋现在已经残破并经过了改建，面目全非。主体和伙屋组成整齐的长方形，四角外侧挖水塘防灾。除了左右侧和背后整齐的伙屋之外，周边还有些零散的、独立的附属房屋，如仓房、下房、牲畜房、禽舍、作坊等，也统称伙屋。所以，裕后堂总共有房屋一百五十八间，现在还剩一百二十间左右，是俞源最大的住宅。

裕后堂门前种一对枫树，清末枝干已经粗到要双人合抱。它们生长旺盛，被认为是风水树，小巷因此得名为双枫巷。

它的第二进大厅是建筑艺术的重点，大木结构很华丽。五架梁、三架梁和廊子的双步梁都用月梁（当地叫"眠梁"）。梁以上，檩条之间有环状的"猫儿梁"，动态很强，极富装饰性。前檐枋底面贴一块雕花板，分别雕着百鱼、百鸟、百兽。前后檐都有牛腿，牛腿之上还有一串雕饰精巧的叠斗，大多呈卷草花叶形，承托着挑檐檩。前檐中榀的两个牛腿雕的是爬狮，不久前被偷走了。现存转角处一对牛腿雕的是鹿（谐音"禄"）。前院的两厢和门屋面向前院的前檐也都有牛腿、叠斗和呈方（类似雀替）。后院堂楼比较朴素，只有底

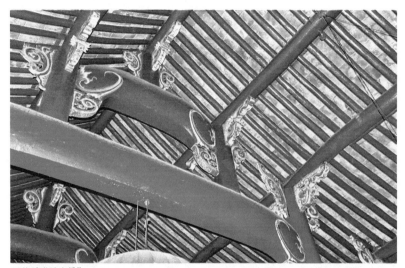

环状的"猫儿梁"

现存转角处一对牛腿雕的是鹿

雕饰精巧的叠斗

呈方

层的呈方，不过檐廊也用月梁。七间正屋前的檐廊，从一端的侧门前
望去，一层层月梁柔和的曲线形成深远的层次构图。

大厅前檐完全敞开。明间后金柱间设六扇槿门，增加住宅的私
密性，平日不开，人们只能从两侧的耳门转过到后院去。次间后檐用
空斗墙封砌，墙壁正中有一个直径1.5米的圆窗，用曲尺形棂子组成
花格，点缀些雕花小饰件（叫"结子"）加强刚度。圆心处是一个直
径30厘米的圆形开光华板，朝后院的一面，用草龙分别组成"福"、
"禄"二字，左侧的为"福"，右侧的为"禄"。木雕圆窗朝厅内的一
面，则各雕两个武士角斗的场面。

裕后堂正立面的形式比较丰富。主体的两厢和伙屋前端的山墙

木雕圆窗

裕后堂的三叠马头墙

（当地名"碰头"），都是三叠马头墙（即五山），左右各两个，遥相对峙，轮廓起伏跌宕，很是生动。中央的正门高大，在边梃和过梁的外侧还砌一圈大石。两个通厢房前檐廊的旁门要小得多，门上有雕花砖檐。伙屋的门更简单些，主次很清楚。墙面全是细砖磨平精砌的，砖缝如线，横平竖直，不但反衬出砖雕的富丽，而且本身是一种工艺的美。

2.中型住宅

中型住宅，指正屋为七开间或五开间的三合院和四合院，全村现存三十幢，已毁而能辨识遗址的四幢，共计三十四幢，占俞源村住宅的绝大多数，大约为69%。其中四合院只有两幢，一幢在前宅北缘，五开间，面临东溪，是前店后宅，建于民国年间，即药店；另一幢在上宅，叫下裕后堂，为方便与上裕后堂分开，习惯上以宅门头上的

"玉润珠辉"宅

题字称它为"玉润珠辉"宅。此宅建于嘉庆年间，正房七开间，下屋进深很浅，只有三间，两侧各两间的位置依厢房的间架。五开间的三合院最多，计二十幢。正屋七间的三合院叫"大排七"，厢房分左右各三间和各两间的两种。正屋五间的，叫"大排五"，厢房只有左右各两间。天井院前的门墙叫照墙。正屋和厢房都是两层，楼梯大多在正屋的两端，或者占半间，或者有专门的楼梯弄。少数楼梯在厢房，多有楼梯弄，在里端或前端。正屋和厢房都有前廊，下宅有两幢"廿"字楼的三合院，即通面阔七开间的正屋。中央三间之外，两侧两间的位置按厢房的间架，厢房的前檐廊向正屋内部延伸，使三间正屋的两侧各有一道夹弄。平面上看，夹弄和前廊形成一个"廿"字。下宅徐节妇（俞圣猷之妻）的住宅"声远堂"，便是一座"廿"字楼，大约是嘉庆初年造的。

七开间三合院，厢房的前檐柱和正屋的中左二、中右二两榀屋架对齐，所以院子的宽度相当于正屋三个房间，将近10米，进深则相当于厢房的三个或两个开间，也将近10米，院子比较宽敞。五开间三合院的院子，宽度相当于正屋的两间，即厢房前檐柱对着正屋次间的中央。

这种中型的三合院住宅，包括"廿"字楼，流行于武义、东阳、永康一带。它们与浙西、皖南、赣北的民居相比较，最大的区别就是正屋开间多，院落宽阔，空间舒畅，房间里比较亮堂。院子里用大石条搭两条花台，春兰秋菊，四季香气袭人。到了盛夏，院子里搭竹篷遮阳，竹篷从正屋底层的前檐柱顶挑出，柱头上有一个小小的带槽的木构件，承托竹篷的内沿，楼上伸出钩子吊住竹篷的外沿。

中型住宅也有伙屋，除了四合院"玉润珠辉"等少数几个外，大多布局不如大型住宅那么整齐，而且多用夯土墙。不过仍然有些中型住宅在伙屋有比较精致的小厅和书房，如上宅的精深堂、下宅的六峰堂。

正屋的明间完全向院落敞开，叫作"轩间"。明代的住宅，如六峰堂后进和前宅的俞氏老祖屋，轩间两侧壁是磨砖的墙，后来的住宅则改用木板壁。轩间太师壁前奉香火，是南方民居的一般做法。但有许

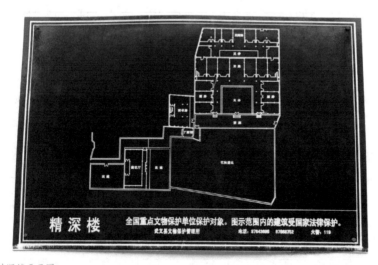

精深楼平面图

多住宅在楼上的轩间另设香火堂，靠后壁奉高祖、曾祖、祖、祢的神牌，朔望进香烛和米饭一碗，并焚黄表纸。为防火，在神位左侧砌砖炉一座，供焚化之用。香火堂橱窗前，又有供桌一张，是祭天地用的，朔望也进香烛、供米饭。

有些住宅把楼上轩间扩大为三开间，叫作"楼上厅"。全村现有楼上厅七个，三个在大型住宅里（上宅俞大有老祖宅的残存偏屋、下宅六峰堂、下明堂的佑启堂），四个在中型住宅里（前宅李氏"爽气东来"宅、作为董氏香火堂的"冷屋"、十家头的后朱书屋和前宅俞氏老祖屋）。村里人说，除了"爽气东来"宅外，有楼上厅的房子都建于明代。楼上厅的梁架用材比较好，并且都有些雕饰，而一般住

轩间

宅的楼上都只用粗陋的草架。浙江、皖南、赣北都有一种传说，便是明代住宅以楼上为主要居住部分，到清代才改为以楼下为主要居住部分，俞源村的楼上厅很可能支持了这种说法。

关于楼上、楼下的主次，俞源村村民又有一个传说。元代，蒙古人为了统治南方人民，向每家都派驻了一名蒙古兵，百姓叫他们"鞑子"。鞑子兵为了便于管理，每晚把百姓赶上楼去住，自己则守在楼下。因此百姓养成了以楼上为主要居住场所的习惯，把楼上造得比楼下漂亮，层高也超过楼下的。明代沿袭了这种习惯。但毕竟楼上居住不便，而且冬季酷寒，夏季燠热，于是到清代又渐渐改回以楼下为主要的居住场所了。这则传说和兰溪市诸葛村村民把堂屋的半截门叫作"鞑子门"相似。传说未必可信，但说明农民也会用建筑来表达爱憎。

中型住宅前面一般有三个门，一个门是正门，在中央，进门是天井，另两个是旁门，对着厢房的檐廊。门外大多有个前院，宽与住宅相等，深只有4米左右，是个狭长的前导空间。院门在它的一端，有做成八字门的，也有砖券门，上镶石匾，刻"紫气东来"、"南极星辉"等吉祥辞。

中型住宅的规模比大型的小得多，七正六厢的不过十三间（在金华府地区叫"十三间头"，作为三合院的代表），五正四厢的只有九间。在早期，中型住宅的居住条件显然比大型的好。但清代中叶以后，住宅建造的速度远远不及人口增加的速度，中型住宅也由几个共祖异炊的核心家庭合住了，居住的质量大大下降。上宅东头，俞新聚在道光十年（1830年）建了一幢五正四厢三合院，六个儿子长大后，他于道光二十年（1840年）在旧宅西北又建了一幢五正四厢三合院，分给儿子们。分的方式仿照的是祠堂里的昭穆次序：老大得大手位（即左侧）的两间厢房，老二得下手位（即右侧）的两间厢房，老三、老五分别得正屋大手位的次间和梢间，下手位的次间和梢间则由老四、老六分得。这种分配的方式很少见，一般人家，儿子长大成家后抓阄分旧宅，父母亲则住到精致的小别院里颐养天年。

中型住宅是俞源村住宅的基本模式，以前宅为多，共有十六幢，其中李姓有七幢。可见清代以后，俞姓发展的重点从前宅转到下宅和上宅。

现存中型住宅大都是清代和民国年间造的，明代的只有两幢，都在前宅。一幢是俞氏老祖屋，五正两厢，可能是在明代初年俞善护建造的一幢大宅的废墟上建的。还有一幢便是"冷屋"培德堂，五正四厢，也建于明初。

中型住宅中最精致的是道光二十五年（1845年）左右俞新芝造的上宅的"九道门"。它坐北朝南，七正六厢，是典型的"十三间头"。正屋后面有伙屋，也是七正两厢，间隔一道狭长的天井。左右没有伙屋，但右前方有雅洁的书房且带小院，三间两层。大门外有一条狭长的前院，前院的东端是八字院门，西端是书房小院的门。前

上宅"九道门"

院的西墙被叫作"回音壁",有明显的回音。壁以南是个600多平方米的大花园,园面临东溪,园西有一座两层的赏花厅,面阔三开间加一个楼梯弄,全用花厅做法,即前檐和室内隔断都用细巧的槅扇。出前院西南角的门,小巷子曲曲折折在书房与赏花厅之间穿过,再向西经三次曲折到东溪岸边,那里有一座门屋,现在已经倒塌。从门屋到前院西南角门,一重又一重,共有七道大门,都是既有闸板,又有横杠、竖杠和顶杠。第二道和第三道门之间有门屋,屋内地面作翻板,板下设深坑陷阱。不过奇怪的是前院的东门只有一道,坚固程度远不能和这边的七道门匹配。

这座住宅的构造法也很讲究。除了石柱础之外,所有板壁隔断之下都设石质地栿，叫作"木不落地"。院落不铺卵石，全用条石满墁，正中一块"井心石"，向外一圈一圈作"口"字形排列，四角以各切45度对接，形成了院落除井心石外通缝的对角线，富有几何美。传说这院落的石板地是两层的，即下面还有一个石板铺的垫层，所以至今一百五十多年，仍然平整如新。

它的正屋和两厢的木作雕饰都十分华丽。叠斗（牛腿和它上面的挑檐构件）和呈方（相当于雀替的垫木）的雕刻属于全村最精细者之列，而且没有像清末民国初年的那样繁琐。门窗槁扇的雕刻也是精中之精，正屋楼上的窗子为雕花格子窗，是全村唯一的。

3. 小型住宅

小型住宅，正屋三开间，有的左右各一间厢房，有的没有，也是两层。小型住宅不但矮小，用材也比较差，几乎没有装饰。它们一共有十二幢，十幢在前宅，八幢属俞姓，两幢属李姓。其余两幢，一处在下宅，一处在十家头。上宅没有小型住宅。根据小型住宅的分布情况，并且考虑到上宅大型住宅的伙屋里住着一些雇工、佃户，可见俞姓族人内部的社会分化大，而李姓的小。这或许与李嵩萃一次造了几幢中型住宅，形成了"陇西旧家"的社区有关系。

前宅的小型住宅里有两幢很古老，一幢相传是敬一公俞涞造的，它便是前宅俞氏德馨堂的香火堂，通称"老祖屋"。俞涞于元代末年去世，所以村人传说老祖屋是元代建筑。又因为俞源村名最早见于俞涞孙子道坚的诗文中，所以又说先有祖屋，后有俞源。另一种说法是，祖屋本是俞涞三子俞善护在明代初年造的一幢大宅的一部分。还有一幢很古老的小型住宅是现在房主俞登的太公在明代末年造的，三开间，左右各一间厢房，没有檐廊，厢房和正尾对接，底层高只有2.43米，楼层以楼板为准檐口，高只有2米，正脊高3.1米，非常矮小。

[贰]俞源民居建筑的设计理念[1]

古民居建筑设计必须服务于建筑的基本目的，即为人们建造美好的生活和居住的使用空间。这种空间是建筑功能与工程技术和艺术技巧结合的产物，都需要符合适用、经济、美观的基本原则，在艺术构图方法上也都要考虑诸如统一、变化、尺度、比例、均衡、对比等原则。我国有许多古民居建筑布局巧妙，艺术设计精巧，除符合基本的艺术设计规律之外，其中许多民居建筑还对风水理论进行了研究与实践。风水理论实际上就是地球物理学、水文地质学、宇宙星体学、气象学、环境景观学、建筑学、生态学以及人体生命信息学等多种学科综合一体的一门自然科学。

古民居建筑艺术设计向来强调立意选址、做好布局，注重比例与尺度、色彩与质感的协调；风水理论则要求周密地考察、了解自然

---

[1] 参见徐哲民：《论俞源村古民居建筑的艺术设计》[J].建筑与文化，2011年，第3期。

环境，利用和改造自然，创造良好的居住环境，从整体系统原则、因地制宜原则、依山傍水原则、观形察势原则、地质检验原则、水质分析原则、坐北朝南原则、适中居中原则、顺乘生气原则、改造风水原则等进行设计实践并赢得最佳的天时地利与人和，达到天人合一的至善境界。

俞源村古民居的神秘来自"星象"说，其存在是寻找并探索最适宜生存环境的结果，也是风水学理论的实践成果。主要体现在以下特点：

1. 围绕整体系统原则做好立意选址来处理人与环境的关系

整体系统原则。整体系统论，作为一门完整的科学，它是在本世纪产生的；作为一种朴素的方法，中国的先哲很早就开始运用了。风水理论思想把环境作为一个整体系统，这个系统以人为中心，包括天地万物。环境中的每一个整体系统都是相互联系、相互制约、相互依存、相互对立、相互转化的要素。风水学的功能就是要宏观地把握各系统之间的关系，优化结构，寻求最佳组合。风水学充分注意到环境的整体性。《黄帝宅经》主张："宅以形势为身体，以泉水为血脉，以土地为皮肉，以草木为毛发，以舍屋为衣服，以门户为冠带，若得如斯，是事俨雅，乃为上吉。"

整体原则是风水学的总原则，其他原则都从属于整体原则，以整体原则处理人与环境的关系，是现代风水学的基本特点。

多角度进行立意与选址。俞源村古民居建筑的立意由设计者根据功能需要、艺术要求、环境条件等因素，经过综合考虑所产生。立意既关系到设计的目的，又是在设计过程中采用各种构图手法的根据。"意在笔先"对建筑创作完全适用。

总之，所谓风水之说，就是把选择的环境作出合理、符合规律的上好解说。比如"俞源八景"便是依据现有的自然条件进行风水常理上的审美，是一种可以使人愉悦并升华情操的解说。《风水辩》说："所谓风者，取山势之藏纳，土色之坚厚，不冲冒四面之风……所谓水者，取其地势之高燥，无使水近，夫亲肤而已。若水势曲屈而环相之，又其第二义也。"俞源俞氏祖先在考虑人居环境时，

我国的传统造园，立意着重艺术意境的创造

考虑的正是山的走势是否可以挡住一部分风势，容纳一部分四面来风，是否能够藏气、聚气。从地形上说，武义县属于金衢盆地，多山是其主要特点，类似俞源环境的地方在浙江武义境内还是比较多见的，但是俞源水系却是其他地方所不具备的。风水之说，风、水也是可以拆开理解的。俞源村的"水"曲抱环相，水势低，地势高而干燥，经过精心改造后，用水与水患问题得到了合理的解决。

2. 采取因地制宜原则处理建筑布局关系

俞源村古建筑群集中在上宅溪两岸，目前村落格局基本保持原状。前宅、上宅、下宅三个区域，明清建筑分布较为集中。前宅是俞氏较早时期的定居点，建筑规模并不大，建筑形制较为简单，保存得并不是很好。上宅、下宅有六峰堂、裕后堂和俞氏宗祠等大中型建筑，这些建筑的建造年代处于"太平"时期，建筑质量普遍较高，保存程度相对较好。

俞源村古民居建筑非常重视因地制宜。在选址或称之为"相地"的基础上，根据其场地的性质、规模、地形特点等因素，进行总布局；师法自然，创造意境；巧于因借，精在体宜；划分景区，园中有园等。如师法自然，创造意境。首先，选择一块具有比较理想的自然山水地貌的地段，以此作为造园的基础，把地段内自然的山、水、古树以及周围环境上的成果、借景条件作为首要的因素加以考虑；其次，在自然山水地貌的基础上加以整治改造，在总体布局、空间组织、园林素材的造型等方面进一步贯彻和体现这个意图。因地制宜，即根据环境的客观性，采取适宜于自然的生活方式。《周易·大壮卦》提出："适形而止。"先秦时的姜太公倡导因地制宜，因地制宜是务实思想的体现。根据实际情况，采取切实有效的方法，使人与建筑适宜于自然，回归自然，返璞归真，天人合一。

俞源村的布局严格意义上说应该和"星象"无关，但是"阴阳"之说却似乎真的存在。村口"S"形河流分别环拥着两个"眼"，一处为水（阴），一处为土（阳），这两个眼还有痕迹存在，只是已经不清楚这是什么年代的造作了。

古代村落一般都讲究风水堪舆，普遍存在"水口"之说。在20

村口一景

世纪80年代，俞源村民造房挖地基时曾经挖到过很深的沙石层，俞源村中的老人说那便是古朱颜村的水口。他们认为古朱颜村的水口离现今的溪流已经相去甚远，溪流是经过人工改造、疏导过的。他们还认为现今看见的巨大"S"形水路正是为了村落风水而进行的精心设计。

从园林角度看待俞源，就会发现俞源人很懂得与自然和谐相处。拿规划溪流来说，"S"形水路增加了水流长度，也增加了灌溉面积；俞源人充分考虑了贯穿村落的溪流水势走向，在一些受力较大的地方筑起高岸，使水势在此形成迂回，减轻对下游的冲刷破坏。

俞源村的村落发展蓝图，更多的是建立在生活经验的积累上并考虑在狭长的地域中改造、克服不利的自然因素。风水和实际自然条件，都是俞源村发展所需考虑的因素。要使俞源民居建筑有序地朝"利己"的方向发展，既要规避水患又要使村人团聚在村落之中，既要民居稳固在"风水局"中又要考虑自身超前发展的可能。

3. 利用改造风水原则处理建筑单体设计的比例与色彩

整体考察俞源村落，一村八景也是目前古村落中少有的。从一些留存的史料中可以得知，当时的俞源人擅于根据风水原则、运用自然条件进行造景，比如村口的皆山曾经建造过皆山楼。皆山楼的建造是为了"交友"的目的，实际上皆山楼与村庄存在一定的距离，当地人有一种说法称皆山楼为"另起的房子"，大概的意思是说建造者刻意在村"外"建造房子。这一脱离村庄所属的建筑却更好地与整个俞源环境融合在一起,并且还形成了一道风景,不得不说是俞源人的智慧。

与皆山楼形成建筑群落的还有迎玩堂、团峰亭等建筑,这些建筑据说都是为了"交友"而建,可惜的是经历了兵祸(明清交替时期被破坏的可能性最大),这些建筑已经不存在了。所幸的是村口的古树林目前还有大量的古树留存,这些古树是为了保护"水口"或是为了治理水患而种植的,树龄都在几百年以上。

注意处理好比例与尺度的关系。比例是各个组成部分在尺度上的相互关系及其与整体的关系。注重从建筑材料、建筑的功能与目的、建筑艺术传统和风俗习惯以及周围环境进行处理。推敲房屋内部空间和外部形体从整体到局部的比例关系,除了房屋本身的比例外,为了整体环境的协调,还特别需要重点推敲房屋和水、树、石等景物之间的比例协调关系,对尺度的考虑必须支配设计的全过程。

根据设计风格确定色彩与质感。色彩的处理可以增强建筑的空间艺术感染力。我国传统建筑以木结构为主,但南方风格体态轻盈、色泽淡雅,北方则造型浑厚、色泽华丽。色彩和质感是建筑材料表现上的双重属性,两者相辅共存,只要善于去发现各种材料在色彩、质感上的特点,并利用韵律、对比、均衡等各种构图变化,就有可能获得良好的艺术效果。

在"急公好义"宅中发现了一尊位置异常的"天狗",通常镇宅的物件处于屋脊,但是"天狗"这个类似辟邪的物件却是在瓦斜面的中部。原建造者立此"天狗"是为了镇压某种邪气。"急公好义"宅属于清代建筑,为俞源村落的后期建筑,建造在溪流的拐角处,如果发生洪患,此处建筑将首当其冲,按常理这里不是适合建造民居的地方。但是周围的山系和水系限制了俞源村的发展,或者说在此处建造民宅是俞源村落发展的必需,于是俞源先民就在此处垒高了堤岸,在门处安排了挡洪板,也许还采纳了某位堪舆大师的建议在瓦面上塑造了"天狗"来均衡风水利弊。

4. 俞源村民居建筑壁画文化题材的多样性

俞源古民居建筑时代跨度大,从元代至今都有较完整的建筑留存,难能可贵的是俞源古建筑群保留了大量具有特殊价值的建筑壁画。考察俞源民居壁画,大致可以分为祥瑞题材壁画、道教题材壁画、文人题材壁画、农

俞源村建筑壁画

景题材壁画、纹饰题材壁画几种。

祥瑞题材壁画。俞源民居壁画中有很大一部分壁画题材是围绕着"祥瑞"来进行的。祥瑞题材壁画可以分为动物和植物类，但是在具体的壁画作品中，动物和植物通常又是杂糅同现。比如灵芝会和仙鹤一起出现，蟠桃会和鹿一起出现。其实民间有着丰富的吉祥观，它们通过借喻、双关、比拟、谐音、象征等手法，来表现自我向往的美好精神世界。一般来说，在俞源民居壁画中，每座建筑都有着自己的主题，充分表现了主人的情趣和价值观。

俞源民居祥瑞题材壁画中出现得比较多的动物是鹿、狮、喜鹊、凤、麒麟、蝙蝠、鱼等，出现得比较多的植物是牡丹、梅兰竹菊四君子、莲花、石榴、葫芦、蟠桃、松、竹等。

道教题材壁画。在俞源民居壁画中，留有做工精细的诸多道教题材壁画作品，其中颇具代表性的有《老子出关图》、《左慈图》、《马自然图》、《马成子图》等。

俞源民居壁画出现这么多的道教题材作品和主人的精神信仰是分不开的。俞源当地的道教情结与严格意义上的道教是有区别的，这里所谓的道教更多的是带有地方巫祝、占卜文化特点的一种信仰。比如据称"圆梦"十分灵验的洞主庙，其特性很大程度上是属于占卜一类的事件。在俞源当地，陆续存在过许多宗教场所，但大多都是非正规意义上的寺庙或者是道观，偏重于巫祝的地方宗

俞源村各类壁画

俞源民居道教题材壁画

教无形中影响了俞源当地居民的精神世界。于是，一些章回小说、神话故事甚至是民间传说题材的壁画终于登墙上壁，装饰门庭，以彰其志。

文人题材和农景题材壁画。由于俞源古民居建筑主人特有的文化品味，也有人用文人画、诗词书法等来装饰建筑，这在一般的古民居建筑中并不多见。难能可贵的是，有些壁画作品表现出了很高的艺术水平。在俞源民居壁画中，文人题材壁画主要分为文人画和书法两大部分。其中书法有篆书、行书、草书等；文人画主题丰富，有切合诗词应景的小品画作，也有精工细作的白描作品，等等。

俞源民居壁画中的农景题材壁画主要有瓜、果、蔬和耕作农景。其中瓜、果、蔬多以小篇幅出现，一些作品仿"八大山人"，用墨怪异；农景画更多的是表现田间悠闲的农人，其画作用线简练、达意。

总的来说，俞源村古民居建筑的艺术设计特别是从风水学理论出发的艺术实践，主要是围绕整体系统原则做好立意选址来处理人与环境的关系、采取因地制宜原则处理建筑布局关系、利用改造风水原则处理建筑单体设计的比例与色彩以及俞源村民居建筑壁画文化题材的多样性等方面来进行。

[叁]俞源民居建筑的延伸

民居是人类最基本的居住形式和建筑形态。原始人类的窝棚和地穴可谓是人类建造的、有别于自然洞穴的最早"民居"。进入阶级社会后，民居的样式、形态日渐丰富，民居也不再仅仅是为居住而存在，而是分化出不同的、带有象征意义的建筑形式。比如祠堂、庙宇、手工业建筑、商业建筑、文教建筑等形式，都是从民居中延伸出来的活动空间。而且，在建筑的形式、规模、装饰上，这类非民居建筑由于集中了集体的智慧和资本而更加华丽和宏大。

1. 宗祠

俞源祠堂有两处，一处为俞氏宗祠，一处为李氏宗祠。俞氏宗祠的建筑规模明显比李氏宗祠要大，这是和家族的财力、地位相

俞氏宗祠古戏台

李氏宗祠

李氏宗祠内景

李氏宗祠的民俗陈列

关的。俞源俞氏宗祠的前身是孝思庵，有家宅的特点，也有祠庙的特点，其中还有被称为"处州第一台"的古戏台，有娱神、娱人的特色。俞氏宗祠整组建筑坐北朝南，面向上宅溪，现存的俞氏祠堂由三进院落组成。俞源的李氏宗祠建于清代，建筑坐北朝南，四合院结构。其寝屋为五间，左右各有厢房三间。李氏宗祠如今已经失去了原有的宗族礼祭功能，更多的是趋向于商品化的民俗陈列，失去祠堂该有的严肃性，实在可惜。

2. 寺庙

俞源的洞主庙始建于南宋，洞主庙所供奉的是民间所说的二郎神和另一个神话传说人物——沉香。在武义民间，宗教信仰一直呈现着多样化的模式，同一时期同一地区会出现各种主题的寺庙。以

洞主庙

洞主庙内景

俞源为例，在民国期间除了洞主庙之外还存在着五谷神庙、关公庙、陈十四夫人庙、广惠观等宗教场所。信仰的多样化使得俞源的洞主庙里供奉的神仙包罗万象，佛、道、儒在洞主庙里都可以找到相对应的偶像。从这种特性上看，俞源的洞主庙类似于门保庙，也就是通常意义上说的"神庙保护村庄"。

3. 文教建筑

俞源村文教建筑典型的有家训阁、六峰书馆。俞源一共出了京官三人、县令四人、教谕九人，"耕读传家"的祖训可见一斑。乾隆年间，俞源李氏贡生李嵩萃创办了蒙学——家训阁；道光年间，

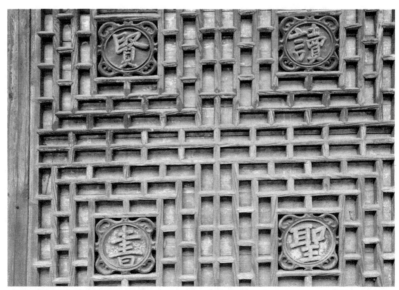

"读圣贤书"木雕装饰

俞氏拔贡俞凤鸣创办了六峰书馆，体现了俞源重视读书的风尚。从始迁祖开始，俞源一直重视文教。在俞源古建筑壁画中，可以找到一些当时文人的墨迹，其中清代俞锦云的上万春堂、高座楼中苏轼的《放鹤亭记》等书法壁书和俞氏宗祠匾额"义民万户"称得上佳作。

4. 商店、民宅

俞源古建筑群中，保留下来的店铺建筑大多集中在下宅片，主要有广生堂药店、民国南货店和民国商店等。古俞源作为婺州与处州交通线上的一个站点，充分发挥出其商业交流功能，但随着"上松线"公路建成，俞源渐渐地淡出，回归了自然。

俞源村民国商店平面示意图

绣花楼

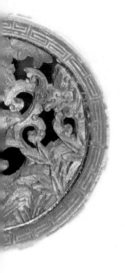

营造过程及技艺

俞源古村落的民居建筑作为严格意义上的中国传统木结构建筑，其传统的木结构建筑，其传统的木结构建筑营造技艺也是遵循了中国古代木构架建筑的固定程式以及建筑的布局、结构、技艺等内在准则和规范。

营造过程及技艺

　　建筑是一种带有空间色彩和时代色彩的物质构成和文化记忆，对于各种建筑遗产的描述多停留在该建筑的形制结构及其所体现的文化或历史的价值上。然而，建筑所能体现的不仅仅是这些人们熟知的常见性质，它所能体现的最直接也是人们最容易忽略的是建造建筑的技艺。可以说，一座建筑从无到有，经过了设计者的前期规划设计，经过了木工、泥工、瓦工、画工等各个工种的工匠的辛劳施工，才能最终矗立在地面上。在这个过程中，工匠们所掌握的的营造技艺是最关键的，而营造过程中的习俗、信仰、仪式等也是不可忽略的文化内容。

　　中国传统的木结构建筑营造技艺是以木材为主要建筑材料，以榫卯为木构件的主要结合方法，以模数制为尺度设计的建筑营造体系。2009年，联合国教科文组织保护非物质文化遗产政府间委员会第四次会议上，我国申报的"中国传统木结构建筑营造技艺"被列入"人类非物质文化遗产代表作名录"。这意味着在中国传承发展数千年的木构建筑营造技艺以及与之相伴的文化民俗获得了世界的肯定。这也标志着建筑类别的遗产从物质保护走向物质与非物质全面保护的新局面。

俞源古村落的民居建筑作为严格意义上的中国传统木结构建筑，其传统的木结构建筑营造技艺也是遵循了中国古代木构架建筑的固定程式以及建筑的布局、结构、技艺等内在准则和规范。

[壹]传统建筑工匠及其分工

在中国传统的建筑技术营造体系中，工匠作为技术的发明及传承者发挥着极其重要的作用。这些工匠既要负责建筑的营造又要在营造过程中不断地修正技术规则，同时又肩负着技术传承的重任。但是工匠的历史地位却是比较低下的，古代封建社会中各种职业的顺序排位是"士、农、工、商"。工匠们只有通过参与建造大工程来提高自己的社会地位。匠人们一方面承担着营造的工作，另一方面依靠着这种工作获得更好的生存条件。因此，中国的传统建筑营造技术得以流传至今。

建筑营造是一个系统的、复杂的、多工种配合的工作，牵涉到的工匠种类比较多。早在唐宋时期，建筑的营造技艺已经有了详细的分工。如石、大木、小木、砖、瓦、泥、雕、锯等作，至明清则细分为大木作装修作（门窗槅扇、小木作）、石作、瓦作、土作、搭材作（架子工、扎彩、棚匠）、铜铁作、油作、画作、裱糊作等。按照传统的行业分工，建筑行业的工匠通常分为木匠、石匠、泥水匠、铁匠、漆匠、雕刻匠（木、石、砖三雕）、架子匠等。当然，有些匠人集多工种于一身,可以身兼数职。由于传统建筑是木构架结构,木构架决定了房屋的形式、尺寸和规模,其他工匠都是在此基础上进行工作的。所以,建筑行业中大木匠居主要地位。大木匠主要负责确定建筑的形式与尺寸,以及建造梁架、架檩、铺椽等,最终建成建筑物的骨架。

小木匠主要负责建筑中非承重结构的制作和安装,包括走廊的栏杆、屋檐下的挂落和对外的门窗、各种隔断、罩、天花、藻井等。在宋代《营造法式》中归入小木作制作的构件有门、窗、隔断、栏杆、外檐装饰及防护构件、地板、天花(顶棚)、楼梯、龛橱、篱墙、井亭等四十二种,在书中占六卷篇幅。

泥水匠在建筑营造中主要负责建筑的定点放样、平基、定水平、安礤、砌墙、收山、封檐、天井、散水、内外墙粉刷、勾线、壁画等。这一工种早在新石器时代就已经出现,宋代的《营造法式》作了系统的论述,明清建筑的泥作更是突破了宋代的规定范围,材料和技术更加丰富。

石匠主要负责建筑营造中的地基、台基及石库门的安装等。建筑中的石柱、门槛、门枕、门楣、台阶、栏杆等石制构件均由石匠完成。宋代《营造法式》卷三中专门规定了"石作"制度,列出角石、柱础、踏道、重台勾栏、石碑、螭子石、流杯渠等二十二种石质构件,以及制作石质构件的步骤,并概括列举了石雕技术。

砖瓦匠主要负责墙体的砌筑、抹灰、上瓦、做檐口、做屋脊等。同时还包括方砖墁地、磨砖、对缝以及漏窗、砖雕门楼的雕刻与安装等。宋《营造法式》中的"瓦作",规定了筒瓦、板瓦、蹲兽、火珠、兽头、鸱吻、垒脊、布瓦垄及屋面铺瓦所需要的灰泥数量等内容。"砖作"部分记述了砖的各种规格和用法,用砖砌筑台基、须弥座、台阶、墙、券洞、水道、锅台、井和铺墁地面、路面、坡道等工程。

铁匠和窑匠并不直接现场参与建筑营造,而是提供半成品。铁匠负责生产建筑构件和建筑工具,如铺首、门环、门套铁钉、铁扒锔等。窑匠主要负责生产砖瓦。

[贰]传统建筑营造的材料与工具

建筑材料是建筑营造的前提条件,而工具则是工匠技巧得以完美展现的最为必要的凭借。建筑材料的选择受到了地域环境极大的影响,因此造就了不同的地域建筑风格。工具的使用不同,将直接影响工匠的创造活动,也就影响建筑的最终形态和风格。整个浙江地区,在材料的选择和工具的运用上都具有类似性,尤其体现在运输手段不甚发达的古代。

俞源古村落地处古婺州,其建筑的用材主要有砖、瓦、木、石、黄泥、沙、石灰等。这些材料绝大部分都取自本地,遵循着因地制宜、就地取材的原则,既节省了运输费用又使得材料加工技术在上千年的实践中得以不断传承和完善。木材的选择主要有杉、樟、松、椿、桐、柏、槐、榆等。在建筑构件的选材方面，梁柱、椽、雀替等构件多用杉木，因其质地坚硬，且能够防虫蛀。梁、枋等受弯构件则选择松木，因其弹性好。雕刻用木种类更多，如樟木、黄杨木、花梨木、榉木、柚木、银杏木等。建筑石材多取青石，因其分布最广。

　　俞源古村落的建筑用砖多为青砖，呈青灰色，用黏土高温烧制而成。这种砖多用在门面影壁、屋面防漏层铺垫、屋脊压脊、扣脊以及封火墙、下叠涩和台基等部分。

　　除了木材砖石等材料，婺州地区多山、多溪流，各色石材以及鹅卵石、沙石等资源比较充足，其中沙质黏性土和红壤适合夯筑泥板墙和烧制砖瓦。

俞源古村落的建筑用砖多为青砖

　　传统建筑营造需要的是纯手工技能的劳作，因此工具对于工匠来说是非常重要的。而由于工种众多，因此工具也是非常之多。工匠的技艺很大程度上体现在其对工具的操作过程中，技艺精湛者能够实现人与工具的和谐统一，达到游刃有余，甚至是技近乎道的境界。

　　古代所用的土建器具可分抬、运和起吊器具，抬主要靠人力，器具有撬杆、撬棍。运输器具也相当原始，砖瓦沙石材料搬运使用畚箕和缆绳、抬棍等，民国以后人力车开始出现在工地中。

　　大木匠的工具主要有锯、凿、刨子、斧子等，小木匠以凿子为主。对于大木匠来讲，锯主要用来锯解原木，刨子用来修整木料使之光滑平整，凿子主要用来开凿榫眼，通常要配合斧子和锤子使用。原木大料的劈、砍、削都需要用斧子。工具细分起来有三脚马（三条圆木架起的支架，用以放置木材，方便进行加工）、解板锯、大小框锯、长刨、短刨、角刨、木钻、木槌、夹具、篾尺等。

　　泥瓦工的工具主要有木夯、泥版、线锤、铁锤、泥桶、砖刀、筛子、铁锨、水桶、托灰板、泥刮等。其中的木夯是筑实地基的工具，一般由一人或两人掌握木夯，四至八人拉绳，反复提起和降落，将松散的地基填充材料夯实。

　　石工的工具主要有钻子、手锤、铲、凿子、剁斧、磨头、大锤、墨斗、弯尺、线坠、平尺等。

还有一些工具是属于木工、泥瓦匠、石工通用的营造用尺，如弓步尺、鲁班尺、门光尺、丈杆、六尺杆等。在大木作制作前，需要先将重要数据，例如面阔、进深、柱高、出檐尺寸、榫卯位置等足尺刻画于丈杆上，然后按刻度进行大木制作。在大木安装时更是要用丈杆来校核构建安装的位置是否正确。

雕花工具主要有各种刀具，也称凿，有平凿、圆凿、翘头凿、蝴蝶凿、雕刀、三角凿六种，其中雕刀又分为凿箍型、钻条型、圆刀三种，而圆刀型截面有正口、反口、中口三种。另外，还有硬木槌、小斧头、雕花凿、磨刀石、锯、锉刀、砂纸、牵钻、钻头（两面单刀、两面双刀）等辅助用具。

随着时代的发展、社会的进步以及技术的不断革新，传统的建筑材料和工具渐渐地被现代材料和工具替代。这种替代将原本繁复的工序和工艺简单化而且可以流水式地反复制作，将原本建筑中人对美的创造和技艺的运用变成了一种生硬的生产。比如，仿古建筑的柱子很多都用钢筋混凝土代替。早期的砖雕用砖，其泥质细腻，烧制工序讲究，烧出的砖质量也较好；现在很少有窑厂烧制这种砖。而随着工业化的推进，建筑施工中已经采用许多现代机械，比如切割机、打磨机、电钻、电锯等。这些现代化的机械工具，大大地解放了工匠的劳动力，提高了工作效率，但是也加剧了传统营造工艺消亡的步伐。特别是在建筑的艺术加工中使用机械工具，大大降低了其艺术含量。工匠的创造性，尤其是在创造过程中灵感式的创作被简单的机器操作或者钢筋水泥阻断，传承传统的营造技艺也在随着创造性和专业性的弱化渐渐地被人们忽视。原本体现着人与自然和谐互动的民居建筑，遇到现代化工艺和建筑材料的冲击，得到的只是建筑过程中的效率，失去的却是人与自然交流过程中美的体悟和人文关怀。

[叁]传统民居建筑的营造技艺

传统民居建筑的发展过程基本上与营造技艺的传承过程是同步的，即营造技艺历经时代的更迭不断积累发展，最直接的体现就是建筑本身。营造技艺是建筑的非物质部分，它自身并非物质但却通过建筑这种物质载体得以存在和展现。

营造技艺一直存在于工匠的心中，通过口耳相传的方式传承发展。由于这是一种非常难以量化和规范化的知识，其传承出现很多不稳定性，师傅的传授能力、徒弟的领悟能力及其他各种原因，导致很多传统的建筑营造技艺渐渐失传了，这无疑给我们的建筑修复和保护工作带来了很多麻烦。因此，对于建筑营造技艺的挖掘、整理、研究就显得尤为重要。

由于俞源村的古建筑多属明清时代遗留下来的，我们无法细致地了解到当时营造技艺的全貌，但是从文献资料、建筑物的结构和流传下来的技艺中可窥一斑。俞源的传统民居得以较为完好地保存

下来，其中一个重要的原因就是前人营造技艺的传承延续。传统营造技艺在今天的工匠手中已经不单单是一门手艺，更重要的是历史记忆的传承。工匠们如今负责的工作主要是古建筑的修缮、维护，即使传统营造技艺通过他们的手无法完整展现，但是技艺脉络还在，主要的技艺形式还是可以把握的。因此，对于传统民居营造技艺的保护是势在必行的，也是尤为重要的。

传统建筑的营造活动由各种步骤按照一定的工序，即房屋的建造流程组成。《鲁班经》中的顺序大致是：备料、架马、画起屋样、画柱绳墨、齐木料、动土平基、定磉、立架、竖柱、折屋、盖屋、泥屋、开渠、砌地面、砌天井阶级。俞源民居作为婺州传统民居，其营造流程与之类似。本书借鉴《婺州民居传统营造技艺》中基础处理与地面铺装、制作木构架、制作屋顶、砌筑墙体、装修装饰[1]五个步骤作逐一讲解。

1. 基础处理与地面铺装

在营造传统民居时，一般在开挖基础前首先要选定地基，按照古代"风水"理论，居室基址的选择应讲求山水聚合，藏风得水。在地基确定后就要择机营建了。在营建时，风水师、把作师傅和房主根据经济预算、建筑的基址坐落等情况确定建筑的形式及尺寸，定台

---

[1] 参见黄续，黄斌：《婺州民居传统营造技艺》，安徽科学技术出版社，2013年，第85—130页。

基高，然后选择动土的吉日。

开工动土后，匠师要根据建筑图样在地基上放样，有把作师傅用丈杆将房屋开间、进深尺寸、柱子位置等在地上予以标记，确定建筑的基本位置。在此基础上，钉好龙门桩、龙门板，拉好准绳，准备放线挖土。在挖土时，采用沟槽形式，一般开挖到生土为止，以墙宽的1.5—2倍定槽宽。如果地形复杂，挖不到生土，则采用打松木桩（千年桩）的方法来处理。不同于北方的砖砌，本地主要采用碎石砌筑，砌筑时先铺设一层碎石，再在上面铺沙，让沙石填满碎石间的空隙，增加基础垫层的密实度。

基础垫层铺设结束后，开始砌筑台基，包括墙基和柱基。台基在中国建筑里是特别发达的一部分，有着悠久的历史。《史记》里有"尧之有天下也，堂高三尺"的记载。汉代有三阶之制，左碱右平。三阶就是台基，碱即台阶的踏道，平即御路。[1]《营造法式·壕寨制度》中对建筑地基的设计作出了规定："其高与材五倍。如东西广者，又加五分至十分。若殿堂中庭修广者，量其位置，随宜加高。所加虽高，不过与材六倍。"[2]意思是，地基的高度适中，与建筑的规模相适应，这样就不会出现材料浪费或者台基过低而与建筑立面失去比例的情况。在砌筑地基与墙基的同时，还需要挖好天井的排水

---

[1] 梁思成：《清式营造则例》，清华大学出版社，2006年，第19页。

[2] （宋）李诫：《营造法式·壕寨制度》，中国书店，2006年，第52—53页。

沟。室外天井、明堂四周的散水明沟一般采用条石铺墁。基础条石砌筑完成之后，在磉墩安放基石，基石上安装磉盘（柱顶石），与室内地面平，然后校验平整，最后放线安放柱础。动土平基后，民居若是石质门框，则需同步砌筑，木质门框后做。

地面铺装是建筑营造的重要步骤。《营造法式·砖作制度》规定了铺砌殿堂等地面之制："用方砖，先以两砖面相合，磨令平；次斫四边，以曲尺较方令正；其四侧斫令下棱收入一分。殿堂等地面，每柱心内方一丈者，令当心高二分；方三丈者，高三分。如厅堂、廊舍等，亦可以两椽为计。柱外阶广五尺一下者，每一尺令自柱心至阶龈垂二分，广六尺以上者垂三分。其阶龈压阑，用石或亦用砖。其阶外散水，量檐上滴水远近铺砌；向外侧砖砌线道二周。"[1]俞源村宅居的天井、明堂采用条石墁地或卵石、三合土、夯土等，也有用青砖铺地的。明代室内地面常见的是方砖墁地，清代乾隆年间开始使用三合土地面。三合土是一种用石灰、黏土、细沙按一定比例配成的建筑材料。不管哪一种铺设方法，铺设前都要做抄平和泛水。抄平即进行基础垫层处理，用素土或灰土夯实，以磉盘的方盘上楞为基准在四周墙面上弹墨线，从廊心地面向外做泛水，一般是5/1000或2/1000。

三合土地面比较简单，先将三合土夯实，后淋卤水反复碾压，

[1] （宋）李诫：《营造法式·砖作制度》，中国书店，2006年，第316—318页。

直到表面平整光亮为止，有的用麻绳压出四十五度的斜方格。三合土地面干后非常坚硬耐磨，可历数百年不坏。

方砖墁地多做住宅室内地面，如住宅的堂屋一般是大方砖墁地，铺砌方法有多种。比如菱形方砖铺设法，一般是先拉线铺砖，边铺边修整砖的大小。其主要铺设步骤为先在室内两端及正中拴好曳线并各墁一趟砖，并在曳线间拴一道卧线，以卧线为标准铺设墁砖。铺设好的墁砖需要表面补眼、磨光，并擦拭干净。最后上油，即在地面上倒生桐油，并用灰糇来回推，后将多余的桐油刮去。

2. 木构架做法

木构架是房屋建设最重要的部分，它决定着房屋的结构、尺度、布局、规模和稳定性。"木造构架所用的方法，是在四根立柱的上端，用两横梁两横枋周围牵制成一间。再在两梁之上架起层叠的梁架，以支桁；桁通一间之左右两端，从梁架顶上脊瓜柱上，逐级降落，至前后枋上为止。瓦坡曲线即由此而定。桁上钉椽，排比并列，以承望板；望板以上始铺瓦作，这是构架制骨干最简单的说法。"[1]然而，在不同地域、不同风格的建筑中，木构架的样式也有差异。俞源的民居建筑属于婺州民居体系的一部分，其主要的木构架有穿斗式、抬梁式和穿斗抬梁混合式。小型民宅以穿斗式木构架为主，大型民宅及祠堂、寺庙等建筑主要使用穿斗抬梁混合式。抬梁式木构

---

[1] 梁思成：《清式营造则例》，清华大学出版社，2006年，第15页。

架多用在明间，穿斗式木构架多用在次间及楼上。

穿斗式梁架的特点是柱上承檩，檩条直接搁置在柱头上，檩下的柱子都落地组成框架结构，在沿檩条方向，再用斗枋把柱子串联起来，从而形成了一个整体框架，直接负担屋面荷重，非常牢固。抬梁式是在穿斗式基础上演变发展而来的，其特点是柱上承梁，梁上承接檩条，梁上再用矮柱支起较短的梁，檩上铺设椽条层叠而上，屋面的荷重是通过承重梁间接传递到柱子上。当柱上采用斗拱时，则梁头搁置于斗拱上。抬梁与穿斗混合式是指一幢建筑中既有抬梁式架构，又有穿斗式架构。这一复合式结构又分两种，一种是一幢建筑中某几榀是抬梁式，某几榀是穿斗式；另一种是穿斗架立于抬梁之上或者是某穿斗架中有抬梁成分。

俞源村的民宅结构基本上都为穿斗式木构架，这种结构可以因地制宜，就地取材，且赋予建筑物以极大的灵活性，故被广泛地采用。但为了使明间堂面开阔，较大宅邸的明间构架常采用抬梁与穿斗相结合的做法。房屋的木构架在营造时需要将各木构架部件预先制好，现场安装，也方便拆卸。房屋梁架属于大木作，营造流程包括画屋样、备料、制作、立架、安装脊檩及架桁等。

（1）画屋样、备料。建造木构架首先要根据建筑规模画出图样，制作丈杆，同时进行备料。备料工作一般由木匠师傅把作和房主把关，采购柱脚、梁、檩等大木料。木材须经过去皮、浸泡后取出放

较大宅邸的明间构架常采用抬梁与穿斗相结合的做法

在通风的房子内风干，有的备料时间长达数年，这样加工成型后木作活就不容易走样变形，木料不会因缩水而开裂。

（2）木构件制作。在制作木构件前，需先将木料加工成一定的规格，例如枋材宽厚去荒，圆材径寸去荒等。一般方形构件的做法是先将底面加工直顺平整，再加工侧面。圆形构件要经过取直、砍圆、刮光三步。由于天然材料往往会有结疤、虫眼等缺陷，工匠会根据木材具体的使用而避开这些缺陷，将较美观的一面作为大面。其次，按照图样将毛坯木料加工成所需的构件，包括画线和开榫卯两个步骤。最后，对大木进行编号，以便于安装时对号入座。编号时以建筑中线为界分为东、西两个部分，中线东边由近及远编为东一榀、东二榀、东边榀,中线以西由近及远编为西一榀、西二榀、西边榀。

（3）立架。立架又称大木安装,指的是将制作好的大木构件按照图样和编号组装起来的过程。一般是先把东一榀的各立柱在地上排列起来,然后从下往上依次安装各穿枋,把枋两端与柱子连接榫敲入柱眼,凡是有榫头穿过柱眼的地方都要用楔子加固。东一榀组合好后,需作简易固定,用人力将东一榀竖立,抬上磉墩,并用撑杆支撑加固,再将梁、枋等横向构件在相应柱间地面上排列。依此立东二榀、东三榀,最后立东边榀,安装梁、枋构件。西面各榀用同样方法操作。木构架立起后,还要用线锤调整柱子的垂直度与水平度,整体对所有梁架进行微调,使之符合要求。砌筑在墙内的柱子需要刷桐油,以防止受潮霉变腐烂。

（4）装脊檩。全部构架竖立起来后,最后安装脊檩,也叫作"上梁"。这是非常重要的一步,脊檩不仅是建筑结构上的重要构件,而且具有宗教层面上的意义。民间认为,上梁是否顺利,不仅关系到房屋的结构是否牢固,还关系到居住者今后是否兴旺发达。因此需要选择一个黄道吉日举行上梁仪式,在梁上挂红彩,祭桌上摆供品,放鞭炮,上梁师傅要唱《上梁歌》,完毕后将脊檩平稳地置于架上。

（5）架桁。安装脊檩后,再按照先下后上、先中间后两边的顺序从明间开始依次安装檐桁、金桁和脊桁。所有大料安装妥当后，需再校一遍直，最后用涨眼料堵住涨眼，使榫卯固定。

3. 屋顶营造

"房顶是中国建筑最重要部分。"[1]俞源村古建筑屋顶的形式比较单一，基本上都是硬山两坡顶，清水脊，也称"人字顶"。《营造法式》中称之为"不厦两头造"。其特点有二：一是它不是平直的坡顶而是成双曲线的坡顶；二是屋顶须出际。民居屋面的做法一般为檩上铺椽，椽上铺设望砖。出于防水防潮的目的，椽料一般用杉木。椽上铺望砖或望板，规格一般为8寸×6.5寸×1寸。然后在望砖上冷摊青布瓦，瓦的密度上密下疏，以防止下部过重而造成瓦片滑落。底瓦大头朝上，盖瓦大头朝下，要求屋面上部压七露三，下部逐渐过渡到压六露四。檐口铺设滴水和勾头瓦，仰瓦施滴水，覆瓦施勾头，下垫瓦条二至三片，以防止覆瓦倾头。

两坡顶坡度比较和缓，略有举折。苫背是屋顶的底层处理，在一般的北方建筑中是必不可少的保暖措施。但是由于南方气候温暖，俞源民居中椽下多无望板更没有望砖，屋顶多为青灰瓦覆盖，瓦下没有做苫背。房屋的檐口瓦主要由花边瓦和滴水瓦组成，多用在屋檐或墙檐。

俞源民居的屋脊基本上都是以立瓦脊为主，其做法是在阴阳合

---

[1] 梁思成：《清式营造则例》，清华大学出版社，2006年，第51页。

俞源村古建筑屋顶基本上为"人字顶"

瓦顶上前后瓦坡交接处做平脊,而后在平脊上从两山开始向脊中央立瓦,立瓦的角度稍向山斜,最后用瓦叠在中央间隙处。除了立瓦脊外还有花脊,花脊一般在祠堂、府第、厅堂等建筑上,花砖、花瓦砌筑后往往形成通透的孔洞,既美观,又能够减小风吹的阻力。有的建筑脊端有鸱吻,不仅起到装饰作用,而且在民俗信仰中这种鸱吻被认为具有辟除火灾的功能。

屋面铺设需要首先做椽,用铁钉将椽子固定在桁条上,安装位置事先在桁条上做标记。然后安装檐椽,钉小连檐、燕颔板,椽子钉好后要铺望砖,望砖的长度为椽间距。其次要钉飞椽,飞椽与檐椽需

鸱吻

要上下对齐，方法与檐椽一样。钉在望砖上的飞椽，一般将椽尾的钉钉入一半，留一半待瓦匠铺好望砖后再钉紧。

望砖铺设结束后，即可准备铺设瓦材。铺瓦前要做的工作是排瓦口、钉瓦口木，确定底瓦间距，然后引瓦楞线，再铺小青瓦。凹角梁上铺大板瓦作沟瓦，两坡瓦接于沟底瓦内形成夹沟，汇集一道总檐水排向天井。房屋两侧山墙砌完后，用清水砖和瓦构件做正脊。脊部为大青瓦，上有青瓦压顶。具体工序为撒枕头瓦、摆杆子瓦——底瓦老桩子瓦和放瓦圈——拴线铺灰、盖盖瓦老桩子瓦——砌当沟砖——放脊帽瓦、堵灰——抹当沟灰——打点、赶轧刷浆提色。

鸱吻

4. 墙体砌筑

　　台基以上的瓦石作是墙壁。墙壁在中国建筑中所占的位置并不是最重要的。北方有句谚语"墙倒屋不塌"，这就是中国建筑法则的一个重要原则——屋子是柱子支撑的，墙不载重。[1]墙体的作用主要是围护、防火、空间隔断等，按照部位和功能，可分为山墙、后檐墙、院墙、隔断墙等。山墙是指建筑物两端的山尖形外墙，用以与邻居间隔开和防火。硬山式山墙是常用的方式。檐墙是指檐柱之间的墙体，分前檐墙和后檐墙。前檐墙常用屏门，或用整樘的槅扇门隔断。后檐墙就是后壁。院墙又分为照墙、围墙、女儿墙、照壁

[1] 梁思成：《清式营造则例》，清华大学出版社，2006年，第49页。

山墙

等。不同的墙体有着各自的砌筑方式，也能显示出泥瓦匠人的技术水平。

俞源民居的墙体砌筑多就地取材，外墙按材料分有砖墙、石墙、泥墙和混合墙。砖墙是最为常见的，当地基本上用青砖筑墙。当地砖墙的砌法主要是陡砌法，即所有的砖都是用侧立砌筑，看似空斗墙，实际上是实心墙。青砖砌墙的方法大致有三种，即条砖抖砌、开砖抖砌和开砖抖砌立桩实心墙，最常见的是前两种。砌墙时自下而上逐渐收分，台基往上是裙肩（高约檐柱1/3的部分），裙肩上身外侧有明显的收分，给人以安定感。

泥墙又称夯土墙，有稻草筋夯土墙和三合土版筑墙等之分。

《营造法式·壕寨制度》中规定的"筑墙之制":"每墙厚三尺,则高九尺;其上斜收,比厚减半。若高增三尺,则厚加一尺;减亦如此之。凡露墙(即院落四周的围墙),每墙高一丈,则厚减高之半。其上收面之广,比高五分之一。若高增一尺,其厚加三寸;减亦如此。凡抽纤墙(加木柱和纤木的夯土墙),高厚同上。"[1]夯土墙的材料多以黏性好的生黄土为主,有些地方加入草泥和纸筋石灰膏,既美观又坚固。泥墙有两种做法,一是直接用土夯筑,另一种是土石分层夯筑。夯筑时经常用墙模,当地称泥墙桶,沿水平方向倒入黄泥,上下层错缝,一层压一层。夯筑时要注意掌握天气季节,一般每天只能夯筑三至五层。而且最好是打一天歇一天,以便能有晾干水分的时间。

马头墙是最能体现江南建筑特色的重要形式,其砌筑要依据房屋的进深尺度分档,随着屋面坡度层层跌落,以斜坡长度定若干档,一般为三档和五档。不同的建筑物形制采用不同的砌法。如果是空斗墙,需要从屋面处改砌为实墙,外部砌平,内部向内收。再砌三线拔檐,目的是将墙面雨水引出墙外,保护墙体不受雨水淋刷。三层拔檐做好后,两面开始做盖瓦,并在两盖瓦之间包筒盖脊。其次要铺大平瓦,安装博风板,加盖批水,安装雕饰构件。最后用小青瓦砌脊。

---

[1] (宋)李诫:《营造法式·壕寨制度》,中国书店,2006年,第55页。

砖雕门楼

砖雕门楼在古建筑中较为常见，其砌筑安装有着一定的顺序。首先在砌墙体时要预埋受力部件，墙体砌完抹白灰前，从下往上安装水磨砖、砖雕雀替、额枋、字匾、浮驼、榫卯、砖细五路檐、砖作门楼椽、戗脊头、束腰鳌鱼、青瓦屋面（花边、勾头、滴水）等构件。

5. 装修与装饰

在中国建筑里，柱子是主要的承重物，墙壁如同门窗槅扇一样，都是柱间的间隔物。所以墙壁与门窗槅扇是同一功用的。因此，在运用和设计上都给了建筑师以极大的自由，有极大的变化可能性。其位置可以按柱的布置随意指定，形式大小可以随意配置，而于构造上不发生根本影响。这些门窗槅扇，在中国建筑中一概叫作装修。[1]装修和装饰是在保证建筑实用功能的前提下，使建筑拥有艺术价值，满足人们审美需求的必要手段。主要包括大木作装饰、小木作装修、砖雕、石雕、屋顶装饰等。

大木作装饰主要是房屋的梁、枋、檩、瓜柱等部位，主要以木雕为主。一般要在建房构屋前做好雕刻装饰，再按需安装。

小木作装修主要包括门窗、室内隔断、室外隔障、杂类等。装修的重点在大门门头以及天井周围的木构件上，如槅扇门窗、楣罩、斜撑、栏杆、挂落等。小木作装修装饰有着比较严格的施工工序。比如安装大门前应首先装好门扇，调验分缝。然后倒出门轴安装上

---

[1] 梁思成：《清式营造则例》，清华大学出版社，2006年，第55页。

下套筒,钉牢踩钉,钉好门钉、铺首、包叶等饰件,最后装护口、稳海窝,将门扇安装妥当。安装槅扇与槅窗也是一样要按照工序进行,首先要上下左右分缝调验准确,然后装套筒,钉踩钉以及面叶装饰,再装护口、海窝,安装就位。挂落门罩的安装和槅窗相似。木楼梯的安装也是小木作的内容,楼梯的位置大都在堂屋太师壁后。在制作时,首先要按样板制作楼梯斜梁,锯凿楼梯板台口及卯眼,刮刨锯截楼梯板,做出榫、槽。斜梁上口及楼梯平梁用银锭挂榫联结,用铁活加固。按分步台口安装踏板及踢脚板,上面立装栏杆。

[肆]传统建筑营造中的风俗与仪式

村落营建之初都受到风水观念、宗族文化的影响,有很多关于营造的民间传说。俞源村营造的起源故事最被广泛接受的就是"雅爱山水"的传说。不仅仅是村落营建,房屋建造也是一家一户的大事,它不仅是简单地搭建一座房子,而往往演变为一种文化活动,反映着人们的习俗信仰和文化观念。奠基仪式和上梁仪式是建筑营造中最重要的两种仪式。

建筑在开工动土之前,举行奠基仪式是不可缺少的文化活动。传统做法是房屋地基现场设香案供桌,备五色线、香花、红烛、三牲、果酒等,设请三界地主和鲁班先师。东家和泥水师傅要分别念祈祷文和咒语,接着烧黄纸祝文和纸银锭元宝。最后,东家在宅基四周淋鸡血,燃放烟花爆竹。仪式完毕后,泥工才能动工。东家还要给泥水师傅包动土红包，宣布建筑营造正式开工。

上梁仪式则是房屋即将建成时最重要的仪式。富裕人家的上梁仪式很是隆重热闹，还要请亲戚朋友来吃"架桁酒"。上梁仪式的参与者不仅有工匠、东家、东家亲朋好友、村民，甚至过路客也可以参加。仪式前，要在立好的梁柱上张贴楹联。架梁时要请五方宅神庇护。一般是在中堂摆香案，设三牲果品，拜请玉皇大帝、鲁班先师。左右置两个大托盘，其上放糕点、糖果、馒头、红包之类。左边搁砖刀、泥刮，上梁时献给泥水师傅；右面搁墨斗、角尺，上梁时献给木匠。上栋梁前，房主手持焚香去接梁，将梁抬放至明间三脚马上。梁身上用红布绕三匝，称之为"缠梁红"，由木匠将五枚铜钱交叉钉牢，寓意"五世同堂"。然后点燃香烛，东家拜祭天地，木匠洒酒唱《敬酒歌》。敬酒结束后，匠师以鸡冠血画符打煞。然后泥水匠和木匠分别在左榀和右榀，同时登上木梯上栋头，开始唱《颂彩歌》，应对《上梁歌》。最后，东家把香案上的两个托盘分别递给泥水匠与木匠，两人托盘上梯子。随之栋梁缓慢上提，东边木匠要比西边泥水匠拉得稍高，因为东边"青龙"要比西边"白虎"地位要高一些。当栋梁放好后，由木匠用斧子、泥水匠用锤子一起敲栋梁三下，以示稳妥。至此，上梁仪式完毕。在诸葛村，上梁仪式的时间很有讲究，一般要结合东家的生辰八字算出上梁的准确吉时，每家都不同。祭天地所用的供品则需要从东家的娘舅家带来。

上梁仪式寄托了房主的美好愿望，它虽然不会在现实中起到实际的作用，但却在精神上给人以希望和慰藉，丰富了乡民的文化生活。

艺术特色

俞源村的特殊发展历程，使村中古建筑从平面布置、立面构造到装饰风格的许多方面，异于他处、他村。另一方面，该村八百年聚族而居，所遗建筑时代跨度较大，不同时代的建筑免不了打上各自的时代烙印。

艺术特色

　　武义县地处浙中，地理、气候、历史渊源等诸因素，使这里的古代民间建筑既与江南地区的建筑具有共性，又富有自己的地方个性。尤其是俞源村的特殊发展历程，更使村中古建筑从平面布置、立面构造到装饰风格的许多方面，异于他处、他村。另一方面，该村八百年聚族而居，所遗建筑时代跨度较大，不同时代的建筑免不了打上各自的时代烙印。下面就从建筑的总体布局、平面特点、外貌特点、结构特点四个方面描述俞源古建筑的艺术特色。

[壹]建筑总体布局的天人合一

　　在中国的广大乡村，村落的形成大多随着地形与道路方向逐步发展，所以形状很不规则。就整个村盘而言，大多背山面水，向阳而建。村内的街巷，一般也是自由发展，住宅避风向阳，多朝东。大型宗祠和庙宇，多位于村镇边缘或中心地带，具有庇护和统率全族子孙的意义；较小的宗祠等公共建筑，多依房派支系，散置村内。

　　从总体布局看，俞源的民居主要围绕由东向西的一条溪流顺势而建，便于充分利用水源，多数建筑都朝向南部的六峰山，既满足了村民精神寄托又可利用阳光。建筑高大宽敞，天井开阔，民居内受光充足，通风良好。建筑的选材也很精美，天井、道路的材料多用就地取材的鹅卵石，图案优美，做工考究。贯穿东西的七星塘、七星井是极周到的防火设施，而且寄寓了消灾祈福的人文精神。如此等等，使村落的布局、建筑的结构既与环境相协调，又利于人类居住，这是"天人合一"生态思想应用的完美范例。

从大的方面来看，俞源村的总体布置，与江南院落布置的基本规律大致相似，但有两点明显不同。首先，村中建筑安排采取街巷布局。因统一规划，道路平坦，屋宇整齐，饮水井、下水道和洗濯用水塘池设置得当，保障了村中的安全、卫生和民众日常生活的便利，更由于各街巷居民系世代分房按族而居，加强了凝聚力和稳定性，

用鹅卵石铺就的天井

故能经历数百年而基本布局无大的变化。

其次，中国的农村住户，由于子弟成家立业后多另立门户，又由于皇权对民间营建制度有相当严格的规定，故住宅多以一家一宅为单位。但在古代的俞源村，数代同堂或以血缘关系聚族而居所形成的建筑组群颇多。这当与该村的宗法制度严密、豪绅之家众多有关。村中一些著名的建筑群，如裕后堂、上万春堂、六峰堂等，昔日的主人无一不是缙绅巨富及其他们的后人。所以，虽说全村千门万户，而他们自认为"聚只一家"。

[贰]单体建筑平面的规则构图

单体的住宅建筑平面一般为纵向长方形，极少数作方形或不规则形。绝大多数建筑室内置横向长方形的天井。建筑面阔多作三开间，进深则多少不等，单进者三至五间，二、三进者多达九间以上。依据天井数量的多少、主要天井的位置前后，以及房子的面阔、进深，可将俞源村的住宅建筑依平面布局分为以下五类：日字形、回字形、"H"形、倒凹字形和口字形。

日字形平面最为常见，它是由上、下堂组成的两进式建筑，在下堂前檐步和上、下堂结合处各置一天井。回字形平面者为典型的四水归堂式，亦由上、下堂组成，仅于两堂结合处设一座天井。"H"形平面者为前后堂的单进式建筑。由于进深尺寸较大，为使前后墙不至于太低矮以及利于室内的通风、采光，就于前后檐步紧靠墙壁分别

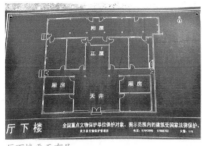
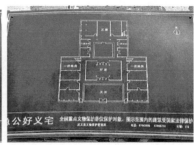

厅下楼平面布局　　　　　　　　　　　"急公好义"宅平面布局

置一天井。这种类型的住宅不多。倒凹字形是单进建筑的典型平面，于前檐步紧靠前墙置天井。贻燕堂就是这种类型的建筑实例。一般情况下，在前檐步置天井者均是侧入式建筑，以免"入门见井"。日字形平面的高坐楼，也是正中辟门、前设天井的建筑，它为了避免"入门见外"，在大门和天井之间设有落地罩式的隔断，使室内路线曲折，并丰富了室内空间的纵向层次。口字形平面者为数很少，是一种不设天井的单进式建筑。具有这种平面的养老轩更为独特：近正方形的室内平面，以纵向木装修分成左窄右宽的两大部分，左为前后两间房间，右为后部置宝壁中甬的厅堂。结构简单、严谨，实用性强。

　　以上五种平面的布局，清早、中、晚期均有使用，明代住宅实例甚少。就室内厅、房、通道安排而言，无论哪种平面，均以上下堂（或前后堂）的明间为厅堂，次间、梢间为正房。前天井两侧，除侧入式者入口一边为通道跨栏外，其余均为厢房。中天井两侧也均为厢房，后天井两侧多为通道。两山墙辟道门者，上堂前檐轩部作通道。少量住宅左、右、后一面有复壁。

宗祠和书院规模一般较大,常为两进或三进式建筑,由于正面辟门且正脊较一般住宅要高,前后檐步极少置天井,故平面多为日字形,三进者则为目字形。当然,也有平面与住宅建筑大同小异者。它们的最大特点在于主要入口辟于前墙正中,室内运动路线少有迂回曲折。

[叁]建筑外貌为典型明清模式

无论是住宅还是其他类型的建筑,前后多为水平高墙,个别建筑也有前墙作阶级形者,立面显得挺拔高耸。两山面作法有四种:最为普遍通用的是硬山式,山墙不出头,而是循着屋顶的坡度呈人字形;其次是三花或五花风火墙,即山墙高出屋面以上,呈三级或五级的阶级式,前后端皆起屏,这种山墙在防火、护檐方面均较其他形式者更有优势;再次为拱背式民宅镇火神物和观音兜式,山墙略高出屋顶,做成弓形,既可护檐防火,又富有变化,造型美观;最后为上覆歇山或悬山顶者,山墙低于屋面,也为水平高墙,多用于庙宇、民居、宗祠与书院等建筑。四周墙体均以青砖砌成,少有粉刷,仅檐下涂白。顶盖青灰瓦,色彩朴素大方。除敞口或带门廊者外,各式建筑的主要入口(大门)几乎都有门楼或门罩。门楼多用于宗祠和正中辟门的住宅建筑。一座门楼就是一座四柱三间的砖砌牌楼,以异形砖砌出四个倚柱、花枋和定枋(部分亦有石枋者),上覆飞檐翘角的歇山式顶。枋部往往有精美的砖雕和石雕，十分气派。门罩多用于侧入式住宅建筑，部分正入者也使用门罩，特别是正立面为马头墙（即阶级形）。除部分早期建筑以红石作垂柱、柱础外，其他部分均以砖砌构而成。下花枋一般作横匾，匾文题字墨书或砖雕。至于凹入式门廊者，虽无门楼、门罩装饰，但由于廊部构架多有雕饰，上部轩式顶又往往绘以彩画，所以更是堂皇。至于十分简朴的一字门者，也常于门楣之上的墙体凹入处作匾额，题上（或镌刻）匾文，或点出宅名，或意寓吉祥，颇富生活气息。

小透窗

明清建筑的墙面很少开窗，这除了防盗之用以外，自然寓有留气聚财的传统内涵。不过，许多建筑还是在墙体高处辟几个高、宽仅30—50厘米的小透窗，于通风、透光虽只有小补，但石雕的各式窗花嵌于平整的墙体之中，给建筑的外观增添了不少活泼的因子。加之檐下往往有风格自由的白底墨绘，使原本朴素的民宅，透出几分

小透窗给建筑外观增添了不少活泼因子

灵动的气息。

[肆]建筑结构特点

俞源村建筑的结构,与江南各地民间建筑大致相类,但也不乏自己的特点。

墙体与地面:村中各种建筑的墙体均以青砖空斗砌成,砌法以一斗一眠的单丁斗子为主,亦有少量空斗到顶的大、小合欢式或两眠一斗的简化花滚式。有的建筑墙体较高,采用复合砌法:下用花滚式、上用单丁斗子,或下用单丁斗子、上用合欢式。青砖尺寸,明代和清代前期者较厚重,长度在30厘米以上。

早晚期大型建筑的墙角下部常立角柱石。室内地面除极少数使用麻条石和卵石外，大多都在明间以青条砖横排错缝拼铺，个别建筑的厅堂中央铺砌菱形方砖。铺地青条砖尺寸一般与同一建筑墙体用砖相同，故一些后代大修的建筑，其地面用砖常比墙体上的厚重。正、厢房地面铺砖者不多，常以三合土夯实。

柱网、立柱和柱础：几乎所有建筑都有对称的柱网。为使厅堂开阔和避开天井的雨水、潮气，明间前檐柱或金柱常向两侧移位，比较具有代表性的是该村的四水归堂式建筑。同样通行的是，省去山柱乃至前后檐柱，个别小型建筑完全以墙代柱。宗教性建筑的代柱墙上，还以彩色绘出柱、枋构架，十分别致。立柱，在民宅之中基本是木质圆柱，宗祠、书院之中石柱颇多，还有立柱之上续以木柱者。石柱多为八角形和抹角四边形。除大戏台中的四角亭外，未见立柱有收分和卷杀者。柱础均石质，多作鼓形、八角形、覆盆形、四方形和圆形。大型

柱础

几乎所有建筑都有对称的柱网

者常有雕刻纹饰，早期者疏朗、简单，晚期者略显繁缛。大础大多素面，带硕者不多，硕厚。

构架：俞源古建筑的构架几乎全为穿斗式，虽有部分加以改造或与抬梁式相结合者，但始终未见有使用斗拱的大型建筑。大部分宗祠和一些较大的住宅，上、下堂明间梁架，往往省去中柱，以纵向柁梁联结前后金柱，双层者上立蜀柱支托，柱头承栌斗；单层者上部续以穿斗式构架。部分明代和清代早期住宅，以月梁代替二穿枋。主要厅堂和前檐步，往往做成覆斗或卷棚轩式，绘有彩画。横向，以硕大粗壮的关口梁联结，代替常用的阑额。纵向，以月梁式的柁梁承托上部构架和出檐。住宅建筑的主要厅堂的后金柱间立两棵

构架

构架

宝壁树，置装修、辟甬门。

屋面：一般坡度缓和，略有举折。椽下多无望板，更不见望砖。顶盖青灰瓦，瓦下无苫背。正脊叠瓦而成，两端无鸱吻，许多住宅建筑正脊中央立纱帽。

装修：室内装修一般是在柱与柱之间的空档内，用具有边框、内装木板的长形板壁拼成，但早期者（尤其明宅）喜为编竹造即在空档中编以竹片，敷泥涂白灰而成，就是晚期建筑，在一穿枋以上的空档中，亦多以此法填充。天井两侧的厢房，纵向往往以数扇槅扇装修，早期者多为四抹，以后为五抹，槅心和绦环板的木雕、木刻，早期较晚期者简朴。

俞源村的整体形态和各种类型的建筑，从一个侧面反映出明、清、民国等历史阶段俞源村政治、经济、社会和文化诸方面的状况。要进一步认识这一历史时期浙江社会发展史和中国宗法制度下农业社会经济、文化特点，俞源村的完整形态以及众多的古建筑为我们提供了一批极其宝贵的历史文化遗产。

俞氏家族与李氏家族和谐相处，一代一代前赴后继，奋斗挣扎，既不为名，也不为利，苦苦奋斗，只为构筑一个安乐的家园。他们要躲避天灾，更要与兵匪、流寇作斗争。从俞源古建筑的发展演变中，我们不难发现，战乱才是毁灭人类文明的天敌。

聚居制度是决定古村落建筑形态的基本因素。就整个宗族来讲，生活秩序和居住形态是由宗法关系维系的，古村落的传统建筑形式就是对这种关系的实质性建构。俞源古村落的公共建筑不仅在空间上是村民的公共活动场所，而且承载着凝聚族人的功能，并作为显示这种功能的载体而存在。传统的厅堂组合式院落则是宗法

装修

装修

文化的具体实现形式，对一家一户来讲，家庭秩序与宗族发展息息相关，家庭的发展维系正是宗族发展的具体化。总的来说，俞源古村落传统的建筑形式反映了宗法制度下人与自然、人与人之间的关系，并且由于地方民俗的差异而具有鲜明的地域特征。

装饰艺术

俞源村建筑装饰有木雕、砖雕、石雕和彩绘几种。

大木作雕饰主要体现在月梁、猫儿梁、牛腿和叠斗等梁架中露明的构件上；小木作装修主要体现在窗子上。依据视觉观赏的变化，装饰重点亦有不同：砖、石雕较少，主要用于柱础、门檐等，也有直接在墙壁上贴砖装饰，彩画是其特色所在，绘在面向院落的照墙上。

装饰艺术

　　俞源村建筑装饰有木雕、砖雕、石雕和彩绘几种。大木作雕饰主要体现在月梁、猫儿梁、牛腿和叠斗等梁架中露明的构件上；小木作装修主要体现在窗子上。依据视觉观赏的变化，装饰重点亦有不同：砖、石雕较少，主要用于柱础、门槛等，也有直接在墙壁上贴砖装饰；彩画是其特色所在，绘在面向院落的照墙上。

[壹]俞源民居建筑装饰的雕刻艺术

　　俞源村的建筑装饰，大致有木雕、石雕、砖雕和彩绘几种。石雕和砖雕不是很多，一般比较简单，工匠师傅大多来自温州泰顺。木雕大多是东阳师傅做的，也有泰顺师傅做的，很是精致华丽。彩画则是俞源村建筑装饰一个比较重要的特点，大多由漆匠绘制，也有专业画匠绘制的。可惜因为不容易保存，彩画现在多已经剥落褪蚀，残损得很厉害了。

1. 大木作雕饰

　　除了牛腿、叠斗、呈方普遍应用在宗祠、庙宇和住宅中并高度装饰化之外，大木作的装饰，主要在宗祠、庙宇的厅堂里和大型住宅的大厅、门厅里，那里的梁架全部都是露明的。

　　梁架的基本承重构件，如梁、檩，装饰比较简洁，保持着粗壮的功能本色。辅助性的构件，如梁托、扶脊、替木、呈方、斗拱则装饰化程度很高，雕镂细密，大幅度地变形。有一些在结构中已经失去了功能，整个成了装饰品，如扶脊。有一些则在身上夸张地衍生出纯装饰性的部件，如檐柱上呈方的帽翅。这些装饰精致的辅助性构件与粗壮的基本构件形成对比，衬托出了梁架的结构逻辑，并且造成

梁架的辅助性构件装饰化程度很高

了疏密、张弛的节奏变化。

有两种次要的基本结构构件却非常地装饰化，几乎成了纯雕刻品。一种是梁的上方，在檩子之间的空隙里用来稳定檩下叠斗的猫儿梁；一种是檐柱上，承托挑檐檩的牛腿和叠斗。牛腿和叠斗是因为正对着前面，处在最便于观赏的位置，因此能达到最大的装饰效果。猫儿梁则因为它们毕竟不是最重要的受力构件。

厅堂和大厅里的五架梁和三架梁以及檐廊里的双步梁，都用月梁，当地叫眠梁。它向上微微呈弧形，使人看到它轻松地承受了弯矩的负荷。月梁的两端圆润，刻着流畅的三角曲线凹槽，这曲线槽仿佛是月梁上缘轮廓的回弯，向里又向上一挑，使月梁两端显得十分

"鱼鳃"细部

饱满而有弹性，人们很形象地把它叫作"鱼鳃"。明末清初的建筑，"鱼鳃"比较简单，三角曲线凹槽刻得短而浅。到清代晚期和民国时期，三角曲线凹槽变深而且多了变化，通常是双槽，尖端上添了几道有弹性的鹤颈形曲线，有的真的刻了一个小小的鹤头，伸出长喙，还有的点缀些卷草浮雕。住宅堂屋前檐柱间的枋子，当地叫骑门梁，早期也做成微微呈弧形的月梁，两端有"鱼鳃"，中央浅浅地刻一个圆形的"寿"字，左右飞翔着一对蝙蝠。门屋朝院落一面的骑门梁中央常刻"双凤朝阳"。到了晚期，骑门梁基本平直，只在下缘的两端稍稍挖一点弧形。"鱼鳃"变成了方棱方角的卷草图案，中央有个"盒子"，雕刻得很深，题材有戏曲场景、历史故事，或者只有一对

两端有"鱼鳃"的月梁

鲤鱼嬉戏。这盒子已经失去了与作为结构构件的骑门梁的一致性，有很大程度的独立性，破坏了结构逻辑。次间檐枋是平直的，底面钉一块长长的雕花板，雕的大多是百鱼、百兽、百鸟之类。

猫儿梁是一种半环形构件，趋中的一头高而宽，另一头低而细，轮廓很有弹性。前后坡各有一串四五个猫儿梁，首尾衔接，向中又向上，动态很强，把平实稳定的梁架，反衬得活泼而生动。

牛腿和它上面的叠斗是用来承托挑檐檩的，有明确的结构功能，但外形却完全装饰化了。三开间的宗祠厅堂和住宅大厅，两个中槫檐柱上的牛腿雕成鬃毛蓬松的狮子，边槫的雕成鹿。头都向下，为的是回应从下向上观赏的人。中型住宅的牛腿和大型住宅前院两厢的牛腿大多在两个侧面刻规模不大的、很细致的故事人物，有亭台楼阁、桥塔、园林作背景，透视有深度。它上面的

装饰化的牛腿

叠斗向两侧很夸张地飞出帽翅式的装饰部件，大多作卷草。牛腿、叠斗和柱子左右同样夸张的呈方组合在一起，非常华丽。呈方的作用类似雀替而形状极为复杂，面上通常也雕故事人物和透视的亭台楼阁、桥塔、园林等。人物以八仙、渔、樵、耕、读与和合二仙为最常见，雕花卉虫鱼的也不少。越到晚期越繁复，雕得越深，越脱离所在构件的形式和作用，而成了独立的艺术品。

裕后堂、六峰堂（声远堂）这样的大型住宅，前院有牛腿、叠斗，后院没有，朴素得多。这大概和大厅、前院具有公共性功能，而后院和堂楼则纯是内部的居住部分有关。另有一种说法是，牛腿和叠斗是乾隆年间才有的，以前没有。这可以说明裕后堂、六峰堂的后

雕刻华丽的呈方

院建造年代比较早。

所有的大木构件都为木料本色，不加油漆，很是素雅。

2. 小木作装修

俞源村现存槅扇门不多，小木作装修主要看窗子。一所住宅中，窗子的装饰性做法分等分级，主次清晰。正屋明间全敞，次间的窗子规格最高，两厢其次，正屋梢间又次，末间最简单。有的大宅，厢房的窗子也依上下次序有所区别，主次的区别一在构图的繁简，二在题材的高下。正屋次间和两厢的窗子都在最经常观赏也是最明亮

雕刻精致的窗子

雕刻精致的窗子

的位置，装饰也最见效果。正屋梢间和末间不但在使用上等级低，而且逐步退入正屋与厢房之间的夹弄中去，光线也很幽暗。窗饰的分等，既遵循艺术法则，也遵循社会秩序。

窗子的采光部分分上下两屉。上屉面积大，用横平竖直的细棂分割成图案，在格子中设置卡子（称"结子"），都是雕花的，有蝙蝠、

"福""寿"字、花草之类。高级的窗子，卡子用蝙蝠；低级的则用花草。也有同一扇窗子中的卡子还分级别的：位于中线上的用蝙蝠；两侧的用花草。高级的窗子，上屉中央有一块花板，雕刻故事人物、戏剧场景。俞源多见而别处却比较少见的装饰是上屉只用横棂或水波棂作水平划分，没有中央花板，每格间距大约12厘米，设卡子两个或三个，左右错开。

雕花卡子

这种只作横格的上屉多用于次级窗子，在正屋次间则没有见到。

下屉是一幅横长方形。它的位置正处在窗外采用坐姿的人的眼睛高度。廊檐下本是最重要的日常生活空间，甚至一般的亲朋来访也在这里接待，功能类似于起居室或客厅，所以，下屉的图案远比上屉的复杂，题材也完全不同。一来为了避免外人看进室内，二来也是为了便于细细观赏。这部分的构图，最常见的是中央一块花板，或方或圆，深雕故事人物情节，如桃园三结义、古城会、高山流水、岳母刺字、二十四孝之类,多是宣扬忠孝节义。正屋的梢间和末间的窗子,有些就没有花板。花板左右,高级的为一对游龙,次级的是柿蒂或"卍"字图案。游龙也分两类,正屋次间的,龙身多用曲线,屈伸有弹性,十分矫健生动,雕工细节多,很华丽。两厢的,龙身多用方形折线的拐子龙,呆板多了。也有一些住宅,如裕后堂的窗子,下屉不设花板,在中央雕一只口衔古钱的大蝙蝠,形态流畅而富有变化,与两侧游龙相互呼应配合,整幅构图比有花板的更统一,是艺术性

很高的杰作。少数厢房的窗子上,只雕一条游龙,昂首奋进,动感十足。中央没有开光花板的,似乎大多年代较早,在乾隆末年之前。

俞源村住宅的小木作装修多用龙作题材(六峰堂照壁石条地坎上也雕龙),显然不合制度,这可能与沉香救母斗败龙王的神话有关。"九道门"宅很别致,装饰题材多用瓜果蔬菜,一派农家趣味。

"瓜果蔬菜"题材小木作

　　窗子的上屉和下屉，为了采光，都用白高丽纸裱糊，后面还有一层木板，可以在上、下槽内左右滑动。冬季晚上可以关闭，平日很少使用。

　　有些住宅，在窗子的左右侧，还各有一长条竖向的雕花木板。有上下分为三幅的，也有上下一整幅的，题材多是花卉、木石、鱼虫，少数是山水风景，布局比较稀疏，雕得比较薄。厢房设这种花板的极少见，正屋梢间倒有，不过构图比次间的简单。浮雕很精

"九道门"宅小木作

格扇窗

细，有几幅雕着蜘蛛结网，极其逼真，仿佛蝴蝶、蜻蜓一碰上去便能粘住；蜘蛛头向下，吊在一根蛛丝上，蜘蛛又叫"喜子"，寓意是"喜到（倒）了"。

中型住宅"玉润珠辉"四合院，倒座的西次间还保存着通间的六扇格扇，它和裕后堂大厅次间后檐墙上直径1.5米的圆窗以及六峰堂同一位置的格扇窗，都

格扇窗

是小木作的精品。

小木作和大木作一样，它们的装饰雕刻都是木材本色的，不加油漆。

3. 砖石雕

俞源村的石雕很少，主要用在柱础上，其次是旗杆石和大宗祠的抱鼓石。天井出水口的石箅子是镂空花的，四周的沟里也有几块小小的雕花石板，是在庆典的时候承架木板以盖住水沟用的，架木板为的是防人多事杂会有人不慎踏空落在沟里受伤。

雕刻的柱础用在大型住宅的大厅里和宗祠、庙宇的厅堂里，都很简洁，但也分等级。中榀两个前檐柱的柱础最重要，鼓形的，只在上沿刻一圈卷草形花边。础下有一块覆盆式石碛。中央四个金柱的重要性次之，柱础也是鼓形，上、下沿刻鼓钉一圈，下面也有石碛。其余各柱也有碛，鼓形柱础上、下沿只刻一道线。

住宅的柱础，明末和清初建造的为花盆形，即上部大约四分之一高度的轮廓为凹圆形，而下部为凸圆形。稍晚一些都改为鼓形，起初最大直径在正中，后来改到偏上，这样一来艺术造型也就更丰富一些。

最华丽的一块石雕是井心石，即少数人家天井正中的一块方形石板，上面通常作高浮雕的动物和花卉。天井以中央为最低，井心石上有剔透孔洞，雨水从孔洞漏入地下暗沟，与天井四周明沟下的暗

柱础雕刻

沟相汇合，曲折流出户外。这块井心石要在整幢房子造好之后，才请德高望重的族中老辈来主持安放。砖雕比石雕稍多，主要位置在住宅正面的旁门上，形成楣檐。楣檐通常有两排砖牙子和仿木构的椽头。上面有一皮挑砖，它两端各有一只鳌鱼，正中则有一只花盆，都是很精致的砖雕。六峰堂的旁门，在楣檐下彩绘斗拱和饰带。

六峰堂正面内侧的照墙正中，用砖贴砌了一座三开间的牌坊立面，把宅门框在牌坊明间里，门上匾额写着"丕振家声"。它完全是仿木结构，有柱，有梁，有枋，还有斗拱、呈方、椽头，柱子上甚至用浅浮雕仿彩画的箍头卡子。墙体下部勒脚装饰着几条水平的砖雕

"丕振家声"匾额

带，整个做工很严整。这种贴砖牌坊式门头在俞源不是很多，只有"南极星辉"宅等几个。用贴砖做仿木牌坊，多在乾隆末年以前，以后便多用彩画在粉墙上画出牌坊。

[贰]俞源民居建筑装饰的壁画艺术[1]

随着俞源古建筑的逐渐毁坏和消失，随着墙体的脱落与磨损，壁画亦逐渐消失。在现存的俞源古建筑中，作为公共建筑俞氏宗祠和洞主庙里的装饰，近几年不断地被重绘着。目前宗祠戏台的藻井绘着花鸟，洞主庙的外墙檐下用墨笔书写着一些唐诗，从

[1] 沈妙芬：《地域文化视野中的俞源民居壁画》。

这些画面的粗糙程度来看,显然是应付性的工作。以前是怎样的,目前我们还没找到可考证的资料。所以,本书没有将这些壁画列入其内。这里所指的"俞源民居壁画",不是一般意义上的"俞源民居",而是作为历史遗存的"俞源民居",特指那些带有特定壁画的古民居。

目前民居壁画遗存的整体情况是这样的:俞源村建筑年代较早的前宅片几乎每座民居的墙壁上都绘有壁画,但其破损相当严重,保存相对较好的是"急公好义"宅。后来修建的敦厚堂,以及在万花厅遗址上修建的"居慕荆卫"宅保存良好。比起前宅片,上宅片建筑壁画保存程度较好,主要有下万春堂、精深楼、高座楼、裕后堂、上万春堂、金屏楼、井头楼、七星楼等,这些建筑质量高,造作讲究,规模和体量一般较大,不少建筑设有厅堂、跨院,两侧或后侧设附屋。下宅片建筑保存程度一般,其中谷仓楼、青峰楼、佑启堂、陈弄屋、四星楼、真贞楼、六峰堂、六基楼、书厅楼、进士楼的壁画保存相对较好。

1. 六基楼壁画

六基楼,清道光二十年(1840年)俞开源五兄弟建,十二栋二十四间,384平方米。屋前为正月十三日擎台阁、迎龙灯的小广场,称六峰堂龙头基。建造六基楼时,中国正处在鸦片战争的炮火之下,社会也处于动乱之中。或许是受这种大环境的影响,俞开源十分注重建筑群的安全,他将院门设为有十六道门闩的安全门。十六道门闩,即十六根质地坚韧的木头,在厚板木门内竖、横叠放,门木嵌入地面条石和两边院墙的桦洞中。如果将所有的门一起关闭,应该是坚如城门。六基楼三雕精美,特别值得一提的是十二个雀替将二十个直径1厘米的太极图雕作花心,隐在繁花中。

六基楼的壁画主要是用墨笔将传统建筑木结构绘制于院墙内墙之下,院内侧檐下绘四柱三间式,柱落地,间绘额枋、斗拱,为一斗拱一斗三升式。这里斗拱装在横梁上,采用开窗形式分段描绘牡丹、荷花、菊花、腊梅,代表一年春、夏、秋、冬四个季节。左右两边分别绘"百岁求仙"、"王质观棋",中间隔以"卐"字纹饰。壁画正中间绘有"福禄寿"三仙,合称"三星高照"。其中,壁画上描绘的"天官"与正对着建筑木梁上"福"的雕刻共同表达"天官赐福"的意义。另外,在"福禄寿"的两边分别绘制"和合二仙"和"刘海戏金蟾"的故事。

2. 谷仓楼壁画

谷仓楼位于俞源村西部,西面与俞氏宗祠后进的东墙相邻,形成一条夹弄。谷仓楼也称下菜园,由俞源村俞君泰建于清嘉庆八年(1803年),后因俞占模将建筑用为收租堆放稻谷而得名"谷仓"。南侧半幢属俞占模所有,北侧半幢则归其兄弟所有。清道光至咸丰年间,北侧次间及一间厨房卖与在俞源村大户人家中做长工的福建人王李均。光绪元年（1875年），永康人周广时来俞源做生意，先后开有布店、染坊、肉店、酒店等，后从俞占模手中购得谷仓楼的南半幢房屋。谷仓楼由外院、三合院组成，占地面积284平方米。外院位于三合院西墙外，大门设于外院的南侧，北侧现已被建为一幢两层的红砖民房。三合院坐西朝东，由正屋、两侧厢房、天井组成，平面布置呈中轴对称。院墙两侧各设小台门。

绘制在这里的壁画主要集中在三合院院墙内外侧檐下及两侧小台门门罩下。院墙外侧檐下的壁画作三段式，两端与院墙檐口两端平齐，三段之间绘有垂莲柱以为分隔，画面绘山水、人物。小台门门罩下的壁画绘鲤鱼、水草，两侧绘垂莲柱。院墙内侧的壁画亦作三段式，分隔方式与院墙外侧的相同。中间的一段画面绘人物、房屋，表现祝寿的场景，画面祥和热闹；左右两段的画面绘山水、人物，表现高士饮酒作画、寄情山林的情景。此外，在两厢东山挥头内侧绘有动物，外侧檐下绘有花草、几何纹饰。绘画技法上，以线描为主，淡墨渲染，人物脸部和手用淡赭石渲染，山水花鸟则采用兼工带写。各段画面均绘有朱红色的图章。

3. 上万春堂壁画

上万春堂，也叫书法厅，是乾隆五年（1740年）俞从岐所建，计五十九间，2164平方米。整座厅堂雕刻精美，除精雕细刻外，突出了壁书。墙上的壁书是俞从岐的第五代孙——当年的书法名家俞

壁画

壁画

锦云所书。他在祖屋天井门额书"丕振家声"四字，院墙上部书写两篇文章。左边书"宋仁宗问张景曰：卿江陵有何胜"文一篇；右边书"《桃花源记》以避秦为言"文一篇。由此，村人一直尊称上万春堂为"书法厅"。在修建上万春堂十八年后，俞从岐次子俞林檀，又建造了下万春堂，六十一间，占地2473平方米。其第六代孙俞经缓，是远近闻名的画家，擅长画兰花，也是裱画、绘制龙灯、制作台阁的行家。由此，他所居住的下万春堂被村人称为"画家厅"，并一直沿称至今。

4. 敦厚堂壁画

敦厚堂由李舍高建于1923年，建成后由其儿子李有能居住，其后李有能又将房屋传给儿子李叔明、李叔华居住至今。敦厚堂位于俞源村最北端，处于前宅溪与梦山脚之间。现存房屋占地面积220平方米，分为三合院和附屋两个部分。三合院坐西朝东偏南，建在东高西低的溪沿地势上，由正屋、两侧厢房和天井组成，平面布置中轴对称。台基四面用卵石和砖块混合砌置，正屋、厢房台基环绕天井台基，高度分为天井、正屋厢房两个部分。南北两侧边门头为仿欧式风格，有扁平的拱券。

壁画在院墙外侧，处于大门与院墙叠涩砖下，壁画作五段式，绘花鸟、蝙蝠、山水等，各段之间用线框加以区隔，线框内分别绘梅、兰、菊等。院墙内侧在相同位置绘壁画五段式，并兼以题壁书法,分别以线框区隔,画框内分别绘牡丹、菊、蝶、鹊、荷花、兰花。画框之间缀以题壁书法诗句共六首,字体为行草,自右而左竖向排列。题壁书法内容自南往北分别为:"不愿高堂大厦,只求小院柴门",落款"奎乡";"数椽蔽我足矣,消遣黄卷青灯",落款"肖庭";"只求宾朋谈笑,何须家世荣华",落款"子斋";"身轻便更地阔,诗酒到处开怀",落款"醉樵";"闲寻山青水绿,坐对枫红松苍",落款"子曾";"如此优游不易,应笑利锁名缰",落款"时于二百二十二甲子肖庭"。壁画尽端绘垂莲柱,底边缀以通长回纹饰带至垂莲柱。厢房后檐墙外壁檐口叠涩砖下以线框作分段区隔,分别绘松、柳、花卉、山石等,正屋两山外壁叠涩砖下则以手卷式样描绘花鸟等;仿欧式拱券内亦分别绘梅、月、菊、鹊等,采用中国画的墨线勾勒、淡墨渲染等绘画手法。

5. 万花厅壁画

万花厅位于俞源村下宅上桥头。1906年兴建,1912年竣工。花厅因其建筑物的构件上布满精湛、繁花似锦的艺术雕刻而得名。四合院,正屋二十九间,附屋三十六间,占地三千多平方米。后堂楼前大厅、大厅梁楣各雕"八仙过海"、"天官赐福"、"东周列国"、"三国演义"等传志人物。牛腿是狮子、梅花鹿剔空雕。据说,建筑一开始,就从东阳请来一批雕刻师,从花厅始建到落成,整整雕刻了六年,厅雕刻艺术为武义之最。不幸的是1942年7月29日,侵华日军在

"居慕卫荆"宅

欣赏完花厅雕刻艺术后，锤敲斧劈，然后放火焚烧。现附屋和遗迹
尚存，熟知的老人还念念不忘。

　　现看到的"居慕卫荆"宅是在万花厅的遗址上建立起来的，
天井院墙内檐内壁画是十二幅字与十一幅画，用不同造型的如意
间隔排列，题壁书法内容自南往北分别为："宜子孙，大吉昌，永宝
用"；"海上升明月，天涯共此时"；"山穷水尽疑无路，柳暗花明又
一村"；"客亦知夫水与月乎"；"竹韵梅香处士宅"；"大富贵，亦寿
考"；"蓄道德，能文章"；"山还水绕楚人家"；"为（人）之乐者，山
林也"；"荒（花）径不曾缘客扫，蓬门今始为君开"；"江南有丹橘，

天井院墙内檐内壁画

经冬犹绿林"。落款分别是：吉芋、啸云山林、琴韵、书声、松溪居士、如意、白云樵子。其中最北边墙壁因使用不当，现已脱落，不可考证。在这组壁画中，绘画与石膏花饰结合，用不同的如意石膏造型间隔，石膏贴面外凸，立体感较强，庄重而典雅。作者只选择了一个常规、简洁的图形为基本形态，保持其骨骼不变，再根据创意，置换新的元素，组成了新的如意形象：心字形、灵芝形、云形等，借喻"称心"、"如意"。这种表现手法，不仅极大地丰富了整个空间，而且还始终保持了壁画整体风格的一致，充分体现了壁画创作者的智慧和丰富的想象力。

6. 高坐楼壁画

高坐楼是一个小四合院，门前有一用鹅卵石铺成的图案，中央为两个太极图。据说，铺在地上的鹅卵石都经过精心的挑选，"五斤石子十五里溪"，每颗石子均用口径相同的毛竹筒套过，所以铺在路面上的鹅卵石大小十分均匀。在牌楼门前的围墙上，以素雅的兰菊图，衬托着苏子瞻的《放鹤亭记》选段："彭城之山，冈岭四合，隐然如大环，独缺其一面，而山人之亭，适当其缺。春夏之交，草木际天；秋冬雪月，千里一色；风雨晦明之间，俯仰百变。山人有

鹅卵石铺就的太极图

二鹤，甚驯而善飞，且则望西山之缺而放焉。纵其所如，或立于陂田，或翔于云表。"从第一道门外的照壁开始，一直进入大门、正厅和后堂，照壁、围廊、门楣、门楼、山墙等所有适宜绘画的地方，都绘有各种历史人物故事、四季花卉、山水花鸟和吉祥图案。第一道堂门两边墙上各绘一幅水墨人物故事画。一幅为"石壁题诗图"，画面中一高士正执笔在一突兀巨石上题诗，有童子手捧墨砚伺候一旁，另有一人悠闲地在旁摇着扇子欣赏，整幅画以轻松的笔墨展现了"林间暖酒烧红叶，石上题诗扫绿苔"的意境。另一幅为"王羲之爱鹅图"，画家准确地把握住了人物形象，线条十分流畅。为了增添壁画的趣味，画者将壁画"装裱"成横轴，用"钉子"固定，显示出画作的立体效果。

7. 精深楼壁画

精深楼，又称九道门，建成于清道光二十五年（1845年），有四十间，占地1772平方米。此屋有九道门之多，层层设门是为了防盗。屋主人俞新芝，自祖父俞林檀、祖叔俞林模起，都是富甲一方之户。楼内设绣花楼、书堂、藏书阁、藏花厅，屋前为大花园。主屋地槛全用条石，无木落地；天井铺双层石板，从各个方向数到中间都是九块。天井双层石板刻意求"九"，曲径通院特设九重门，谐音取义为"九九归一"、"天长地久"、"久久安顺"。诚然，现实生活并没有事事顺遂人意，俞新芝建成精深楼之后，五十三岁的长子和年仅二十七岁的次子相继亡故。年迈的俞新芝承受不起如此打击，不久精神失常成了"疯子"，数代富殷的门户从此败落。至清末，迫于生计，半座卖给了曾是宣平县首富、当地俗唤"金狗"的俞志俊的孙子俞作丰。整幢房屋的石雕、砖雕、木雕均精雕细刻，而且题材独特，白菜、扁豆、丝瓜等蔬菜，以及蟋蟀、蜜蜂等许多昆虫均成为雕刻的主题。

院前围墙上分别有用行、草、篆、楷四体书写的诗文，现已被风雨所蚀，虽模糊尚可以辨认出用行书书写李白的《庐山谣寄卢侍御虚舟》。全文是："我本楚狂人，凤歌笑孔丘。手持绿玉杖，朝别黄鹤楼。五岳寻仙不辞远，一生好入名山游。庐山秀出南斗傍，屏风九叠云锦张。影落明湖青黛光，金网前开二峰长，银河倒挂三石梁。香炉瀑布遥相望，回崖沓嶂凌苍苍。翠影红霞映朝日，鸟飞不到吴天长。登高壮观天地间，大江茫茫去不还。黄云万里动风色，白波九道流雪山。好为庐山谣，兴因庐山发。闲窥石镜清我心，谢公行处苍苔没。早服还丹无世情，琴心三叠道初成。遥见仙人彩云里，手把芙蓉朝玉京。先期汗漫九垓上，愿接卢敖游太清。"其次，用篆书书写的张九龄的《望月怀远》选段："海上生明月，天涯共此时。情人怨遥夜，竟夕起相思。灭烛怜光满，披衣觉露滋。不堪盈手赠，还寝梦佳期。"余下的两幅楷书、草书已模糊得无法辨认。这里，小篆的笔法和结体并不严格遵循标准小篆规范,而是带有较强的随意性和装饰性,在一定意义上具有"画"的意味。这种处理方式,相对于文人书法而言,更显示出其质朴和较少矫饰的特点。

现状、问题及保护

作为历史和文明的载体，婺源的古建筑遗存记录着耕读文化的发展脉络，彰显着从古老文化中淘洗至今的村风民俗。当古色古香的建筑穿越时空呈现在今人的面前时，新的时代又为它的发展提供了新的契机。古建筑已经不仅仅是以一种文化资源的形式存在，更是以一种文化记忆的形式为自身的传承和保护注入了新的动力。

对于如何更好地保护、传承婺源民居建筑，新的挑战将和机遇并存。

现状、问题及保护

　　俞源的古建筑以其时代跨度大、建筑类型齐全、单体建筑规模宏大、文化内涵丰富而闻名于世。深藏玄机的村落布局，恢弘精致的古宅民居，它们承载了俞氏一族的宗族文化，是俞氏历代祖先智慧和勤劳的结晶。作为历史和文明的载体，俞源的古建筑遗存记录着耕读文化的发展脉络，彰显着从古老文化中淘洗至今的村风民俗。当古色古香的建筑穿越时空呈现在今人的面前时，新的时代又为它的发展提供了新的契机。古建筑已经不仅仅是以一种文化记忆的形式存在，更是以一种文化资源的形式为它自身的传承和保护注入了新的动力。对于如何更好地保护、传承俞源民居建筑，新的挑战将和机遇并存。

[壹]俞源民居建筑的现状

　　俞源村住宅的类型分为大、中、小三种类型，但这三种类型并不相互隔离成不同的建筑区域。相反，这三种类型的住宅是呈星象般杂糅交错在一起的。因此俞源村的民居建筑以其坐落的区域不同可分为前宅群、上宅群和六峰堂群三个大的核心建筑群。

宋式柱础

明代中后期柱础

清时雕刻精美的石作

1. 前宅群

在俞源村，虽有一些建筑保持了明代始建时的平面布置和基础，但后代维修、重建时变动太大，不能完整反映明式建筑的结构和风格。调查中发现，未经后代作较大修改的明代住宅仅有六七处。由于历代战乱，明代建筑完整保存下来的不多。现大部分分布在前宅。

俞源的古建筑形式多样，内容丰富。从总体上来分析，它是随着时间的变化而逐步演变的。明初建筑较为简朴，甚至没有走廊，雕饰也很简单，柱础也为宋式柱础。如前宅的李家厅、俞家的俞涞故居等。明代中后期，建筑就有较大的改进，雕饰出现，而且具有很高的造型能力，但与清朝建筑相比，就显得粗犷而简朴。清朝中后期的建筑在构造上有大改进，出现了上下万春堂、精深楼、六峰堂、裕后堂等大中型住宅，在平面上由一进演化为二进、三进，而且天井宽阔，厅堂宏大，防火防水设施也极为讲究，艺术上绘画、雕刻都非常精美。这些建筑大致分布在上宅与下宅，形成了上宅与六峰堂两个建筑群落。

　　与明代风格一脉相承，俞源村的清代民宅结构也为穿斗式木构架。即沿着房屋进深方向立柱，但柱的间距较密，柱子直接承受檩的重量，不用架空的抬梁，而以数层穿枋贯通各柱，组成一缝梁架。这些穿枋用数根直径较小的杉木拼合而成，所要求的立柱也无需粗壮硕大，用料经济，施工简易。这种结构可以因地制宜，就地取材，且赋予建筑物以极大的灵活性，故被广泛地采用。但为了使明间堂

穿斗式木构架

面开阔、轩昂，较大邸宅的明间构架常采取抬梁与穿斗相结合的做法，即省去中柱，纵向枛梁联结前后金柱，承托上方的穿斗式构架，这种做法在别处清代民宅建筑中并不多见。建筑平面仍为长方形，主体建筑前大多带有进深不大的庭院，院门常偏于一侧。加之室内有天井，上堂置宝壁，后门偏离中轴线，虽大门辟于中央，入门后的整个运动路线仍保持了明代住宅建筑的那种曲折式。无论单进或二、三进者，均以明间作厅堂，两侧的次（梢）间作正房、厢房，上下堂次、梢间往往又连通楼层。在中国古代社会的宗法和礼教制度下，这种布局方式便于安排家庭成员的住所，使尊卑、长幼、男女之间有明显区别，加之四面高墙，使一幢住宅封闭性较强。前宅群的建

俞源清代住宅基本构造

筑密度较大，保存质量相对较差，这些建筑大多为俞涞以及俞涞之子俞善卫的女婿李彦兴的后代所建。其中有些年代较为久远，有较高的文物价值。

贻燕堂又称李家厅，前梁有雕花，气派不凡，厅后天井较窄，天井再后一排五间楼，为明朝建筑。厅周边附有家训阁（又名培英书屋），有屋七间，读书房窗木拼花中四角雕有"读圣贤书"正楷字。

养老轩，二间简易平屋，中门梁上刻着"养老轩"三字，梁上面的横楣左右二小园内雕有"知"、"止"字。厅边还有三座住宅连成一片，均为李嵩萃在清乾隆年间兴建或修建。

厅下楼，为清乾隆十年间李嵩萃所建。有正屋五间，厢房各两

中门梁上刻"养老轩"

间。正屋第一层保存有造型古朴的花窗，梁、额枋均有雕刻，厢房有花窗。第二层没有叠斗。李嵩萃建的最后一幢屋叫朝北屋，有正屋七间，厢房一间半，鹅卵石铺地，山墙为弓形。该建筑花窗内容丰富，有琴棋书画，有"寿"字、"福"字。该屋上层则没有任何雕饰，用竹编抹泥墙，这种形式显得非常别致。

"急公好义"宅，明成化年间（约1475年左右）为李嵩萃祖上建造。住宅第一进正屋五间，厢房各两间。正屋第一层有花窗，第二层有壶嘴式牛腿，柱础为宋式。此宅门墙为牌坊式，第二进正屋三间，两侧各有一楼梯间、厢房两间。

大屋，相传为敬三公俞汪建造，后于景泰年间被陶德义矿工起义者烧毁。汪公后代于原址的中间立一香火，左、右、前的地基被分割造房。大屋面宽三间和两弄，厢房左右各一间，磉形柱础。

俞涞古宅，为明初敬一公俞涞所建。此宅有正屋五间，有廊；左右各一间厢房，也有走廊，双层檐。二楼为抬梁式，装饰简单。柱为磉式柱础。相传为敬一公建造的还有下士街香火厅，有正屋三间，基本没有装饰，中间有六扇槅扇门，有壶嘴式牛腿。

李氏宗祠为清朝建筑。李氏宗祠为一四合院，门屋五间，当心间为戏台，后为寝庙五间，左右厢房各三间。门厅有呈方，单层，现戏台已毁。寝庙的牛腿雕刻有狮子，非常精美。李氏宗祠毁于明弘治甲子年（1504年），清乾隆时再建，同治甲戌（1874年）遇火灾，光绪乙亥年（1875年）后又多次修建。李氏宗祠无论从规模与构造上都无法与俞氏宗祠相媲美，其位置也不如俞氏宗祠。

据传，从前宅过利涉桥原有一处新宅，山脚有七星塘，从族谱记载的方位推断，十二间静学斋即建于此地。而今这里已成一片粮田，经实地考察，田埂上仍留有明朝的断砖残瓦。据此推论，这里与前宅连为一体，曾是俞氏祖先最早的居住地。

皆山楼沿西山山势而建，规模宏伟壮观，曾为俞源八景中的"西山暮雨"景。如今则早已灰飞烟灭而无处寻此遗迹旧踪。

2. 上宅群

上宅群保存了裕后堂、上万春堂、下万春堂等大型住宅，它们和其他几幢中小型住宅如高坐楼、精深楼、七星楼等连成一片，均为乾隆和道光年间的建筑。个体现状较好，类型多，质量好，雕饰水平也较高。

上万春堂，为清乾隆初俞从歧所建。入口门厅三开间，左右各两间厢房，前后院间有一道墙门，后进院正房七间，厢房左右各两间。前后天井均由卵石铺就。大厅内墙有俊秀书法两篇，是书法名人俞锦云之手笔。俞锦云，号丽霞，清光绪拔贡，民国15年（1926年）纂修《宣平县志》，任四协修之一。其书法远近闻名，当时大财主、寺庙索其字画，均花重金抬着轿子前来相邀。

裕后堂屋后"高坐楼"，为清乾隆末年俞立酬所建，是一个小四合院。七间正屋，入口门厅为三开间，第二层无斗拱。屋前石子铺地，构成美丽图案，其中有太极图两个。据传石子是到溪滩精心挑选得来的，每粒都经毛竹筒套过，所以，大小十分匀称，有"五斤石子十五里溪"之说。此屋大门外照墙上的水墨画，其人物山水均有较高艺术水平。

精深楼为清道光二十五年（1845年）俞新芝所建，此屋有九重门，层层设门是为了防盗，屋前配有花园、藏花厅。天井用二层石板铺就，石板从东南西北任何方向向中间数均为九层。"九"在中国传统理念中是个神奇的圣数，意为"九九归一"。地栿也全用精致石板构成，就连安放在天井两边的花台亦用条石制成。此屋的石雕、砖雕、木雕的做工都相当精细，木雕尤为突出，雕工细腻，技法圆熟，而且内容独特，有白菜、扁豆、丝瓜等蔬菜瓜果，也有白兔、小狗、蟋蟀、蜜蜂等动物昆虫，显示出主人效法自然、热爱田园山水的人文精神。

下万春堂为清乾隆二十八年（1763年）俞从岐次子俞林檀所建。平面形式与上万春堂相同，后进院加挡雨板，入口门前有一对旗杆石。民国30年（1941年），俞林檀第六代孙俞经受善画兰花远近闻名，故称此厅为画家厅。

3.六峰堂群

六峰堂群以六峰堂为典型代表，此外还有佑启堂等一批相当数量的中小型住宅，村口的俞氏宗祠为明清之建筑。六峰堂，也称"声远堂"，是座大花厅，共二进院子，分前厅与后厅两部分。前厅为清康熙二年（1663年），俞继昌所建。门墙建筑美观，砖雕搭配有序，砖面大而平整。大门墙头有"丕振家声"的砖雕。厅内桁条有十分精美的镂空花雕。特别是右间檐口内第二根桁条上雕有八尾活灵活现的鲤鱼，鲤鱼的颜色会随季节变化而变色。整个大厅宽敞高大，梁饰相当精美，且有小太极图雕饰。后厅为明末继昌之父俞天惠所建。楼上设厅，柱础也为明代典型的覆盆式，雀替雕花较前厅粗犷质朴。第二层无叠斗，用挡雨板。整座大厅正对六峰山，故在大门外设一照墙。这一家前后出过三位拔贡生，所以大门内外各有

精美梁饰

一对旗杆石。大门外的一对旗杆石为俞继昌考取拔贡的标志；大门内两侧的一对旗杆石，样式与外面相同，只是形体略小。这是俞继昌曾孙俞国器考取贡元所立，因为长辈立在前，所以曾孙的旗杆石只能放在大门之内，而且形制略小，以体现长幼尊卑有序的封建儒学思想。

佑启堂原名桂花厅，为明朝嘉靖后期俞涞第七代孙俞昱建所建。后进有正屋五间，左右各有一个楼梯弄，楼上设香火堂。此房派清雍正前后出了个拔贡俞文焕，康熙末年被宣平知事于树范聘为塾师，于树范之子于敏中于乾隆二年（1737年）得中状元后亲笔手书"佑启堂"匾额，以赠恩师俞文焕。现存雍正年间宣平知事胡必奇撰文、处州教授周雯书写字面一帧。

三个古建筑群落各有特点，上宅的建筑大多随山势，其中以精深楼为典型代表。大多个体建筑现状良好，住宅的类型多、质量好、雕饰水平高。而六峰堂群除了六峰堂（声远堂）以外，还有相当数量的中、小型民宅，村口还有俞氏宗祠。前宅群遗存的明代建筑较多，房屋较为紧凑逼仄，街巷狭窄，空地少，做工也没有其他两个群落考究，大多古朴简洁，且年代久远。保存状况不如上宅群和下宅群（六峰堂群）。俞源村的房屋就单体建筑而言，并非是艺术价值和历史价值最高的，其真正的价值在于古村落完整形态的保存。

[贰]俞源民居建筑保护中的问题

随着经济社会的发展,古村落的旅游开发日渐深入,人们对于古村落的价值有了新的认识。但在这个过程中,却出现了诸多问题,如在古村落的保护与开发之间难以有明确的标准和依据。俞源村在旅游开发中收获了较高的经济利益,也获得了明显的社会效益,但也面临环境破坏、古民居修缮欠缺、规划较乱等问题。目前看来,俞源古民居虽然整体保存较完整,但是数百年前的房子难免阴暗潮湿、腐烂磨损,很多民居早已人去楼空,大门紧闭。没有人的日常打理,建筑的老化程度自然会大大加速。俞源村如何在新形势下将民居建筑保护好、规划好,毫无疑问是一项长期的工作。

1. 旅游开发与古建筑保护的矛盾突出

1998年10月,俞源村正式对外开放,游客猛增,如何避免因受经济效益驱动而破坏原有古村落文化,日益成为俞源人亟待解决的新课题。

首先,由于人力、财力及能力等原因,俞源村对旅游开发的力度不大,层次不高。到目前为止,仅仅停留在对部分史料和传说的搜集和整理方面;旅游项目单一,旅游点偏少,主要只是古建筑参观,游人的参与性较差,旅游产品的吸引力总体偏低。旅游管理能力与旅游发展不平衡,造成了游览面积过小与游客量过大的矛盾,使游客在旅游旺季过于饱和,旅游压力明显。

    其次，俞源古村落的管理制度不统一。民居开放缺乏统一管理，只要征得住户同意，便可进院参观。旅游资源开发缺乏统一规划，主要表现为旅游点少且分布零散，不成系统，旅游产品单一，配套设施跟不上，没有明确的旅游项目建设内容及分期规划，管理、经营组织不明确，旅游开发的随意性较大。这样，容易导致盲目开发，进而导致整个古村落建筑群保护状况受到威胁。

    再次，未能处理好保护与开发的关系。古村落是一个活的有机体，仍居住着一定数量的居民，保持着一定的社会生活。由于生活方式的改变，人们生活水平的逐步提高，人们对传统建筑的使用有许多不满意之处，古民居面临着拆毁和改造的压力，遗产的真实性受到严重威胁。少数居民缺乏保护意识，新建、改建、扩建或使用新材料、采用现代风格、改变原有结构等现象突出；少数古民居改变用途，破墙开窗用作旅游商业用房，破坏古村落原有风貌，与传统风貌显得很不协调。

2.传统和现代的矛盾冲突依然存在

    几乎和所有的古村落一样，在旧居保存和新居建设之间，以及建筑的旧风貌和新格调之间，似乎永远存在着难以调和的对立关系。俞源首先作为村民聚居的生活空间而存在，在村民们看来，他们有改善自己生活质量的权利。因此，在不破坏原有古建筑的基础上，村内新式建筑在古色古香的传统建筑包围中纷纷建立。而且，

与传统风貌显得不太协调的现代民居

俞源村里，传统与现代的矛盾冲突依然存在

在活态的生存空间中，人们为了生存就会产生一些难以控制的因素而对原有的生活环境造成破坏，例如，古朴住宅中的电灯、电线等生活必需设施。

3. 传统建筑营造技艺的传承人数量不断减少，技艺传承危机重重

虽然传统建筑营造技艺还延续着它的师徒传承，而且俞源村也有较为专业的修复队伍，但是这些技艺仍然面临着传承艰难的困境。首先，师傅带徒弟的模式虽然可以保证技艺传授比较详细、完整，但是这样的模式需要长时间的实践来学习。其次，师徒传承并不意味着手把手地教学，更多的技艺精髓需要徒弟自己领悟，这样的情况就造成了建筑营造技艺传承的不确定性。再次，由于传承方式的特殊性，以及工匠工作的艰苦性，导致师傅带徒传艺和学徒学艺的积极性都不高。这就导致了传承人日渐老龄化，部分传统技艺随着传承人的去世而"人亡艺绝"。最后，由于建筑营造涉及的工种多，导致技艺的传承带有不均衡性。比如雕刻技艺的传承要优于大木作、石作和砖作技艺的传承。

4. 重视经典建筑的保护和修缮，对于一般的民居建筑缺乏足够重视

俞源古建筑群作为全国重点文物保护单位，除了个别几处古建筑（如俞氏宗祠等）由文物部门和乡政府管理外，其余的仍由村民居住和管理。因年久失修、自然损毁和人为破坏等因素，这些古建筑

潮湿、霉变等不利因素正在侵蚀着木构建筑

普遍存在着不同程度的破损情况，建筑坍塌（局部坍塌）或被人为地隔断、重新改造破坏了建筑的整体性和传统格局。潮湿、霉变等不利因素正在侵蚀着木构建筑。

5.民居主人对建筑的保护意识尚待进一步提高

民居是活态的生活空间，是宅主人的安身立命之所。他们生长于斯，对这所宅院已经熟悉得不再有特别的感觉，因为宅子和他的生活已经融合了。因此，在外人看来这是文物，在房屋所有人看来也许并非那么重要。村民在日常使用中可能不会像对待文物一样对待它。部分民居长久大门紧闭，无人照看；部分民居杂物横置，污水遍地。日常的磕碰，年久的霉变等，都对宅居造成伤害。这些都需要宅居主人有意识地去保护，杜绝有损宅居的现象。古民居建筑的维护需要全体村民乃至游客的共同努力。

[叁]保护思路及对策

俞源古建筑是先辈留下的瑰宝，有关部门已采取了一系列措施，花大力气对俞源古建筑及其环境等进行保护。保护内容主要有：以列入全国重点文物保护单位的五十一处古建筑及其周边环境，以及十五处建于明清、民国时期的历史建筑为主，重点保护其建筑风格、风貌特色和外观形式，保护村落格局、历史街区、街巷体系及村落的生态环境和历史环境等，保护包括与村落相伴相生的传统文化和民风民俗及各种生产、生活用具及其人文环境。

1. 重视村落建筑的整体性和原真性。任何建筑都不是孤立的存在，它有其存在的物理空间和文化空间。民居建筑与整个村落环境是统一的，与非民居建筑、巷道、植被共同构成了俞源古村落的整体建筑空间。而这些物质层面的文化遗产背后，还有俞源村的历史与精神、民风和民俗。传说、故事、习俗、礼仪、文化传统等都是在这个整体之内的，它们共同构建出俞源古村落丰富饱满的内涵。对于建筑的经营和修缮，要注意不要随便更改原来的样式和风格，即使要更改也要做得隐蔽一些。比如现代管线的布置要尽量隐蔽，建筑改建修补、道路施工要考虑到与原有建筑风格的和谐。

2. 坚持"保护第一，开发第二"的发展思路。保护和开发是一对矛盾体，二者紧密相关。开发在一定程度上也是一种保护，因为它引起了大家的关注，获取了经济利益，可以有较多的资金用于建筑的维修改造。但当村落作为旅游资源加以开发时，需要注意开发的"度"。要注意开发应该建立在保护的基础上，也就是要坚持对建筑整体性和原真性的保护，只有保护得好，开发才有资本。

3. 加大宣传力度，提高村民自觉性，吸引专门人才。在加大宣传的同时，要注重吸引高层次的管理人才和服务人员，创造条件与高校建立联系，开展社会调查和科学研究。通过专家讲座和专题光盘、书籍普及古村落和古建筑相关知识，提高保护主体的知识水平和文化素质。对于古村落来讲，不管是保护还是开发，都需要各种类型的人才。只有人们的综合素养提高了，对古村落、古建筑有了更为深刻的认识，整个村落的生存发展才能更顺利。

4. 开展深度普查，制定维修方案，建立古民居的完整档案。针对俞源古建筑的保护机构先后成立，如俞源古建筑群文物保护所。并且成立了由国家文物局专家、清华大学教授等组成的俞源古建筑保护专家组。清华大学、浙江大学师生先后对部分俞源古建筑进行测绘，浙江古建筑设计研究院分别制定了六峰堂维修设计方案、裕后堂维修设计方案。武义县博物馆现场测绘二十六幢古建筑，并完成了"四有"档案编制工作。

5. 应用虚拟现实技术，拓展保护途径。虚拟现实（简称VR），又称灵境技术，是以沉浸性、交互性和构想性为基本特征的计算机高级人机界面。它综合利用了计算机图形学、仿真技术、多媒体技术、人工智能技术、计算机网络技术、并行处理技术和多传感器技术，模拟人的视觉、听觉、触觉等感觉器官功能，使人能够沉浸在计算机生成的虚拟境界中，并能够通过语言、手势等自然的方式与之进行实时交互，创建了一种适人化的多维信息空间。使用者不仅能够通过虚拟现实系统感受到在客观物理世界中所经历的"身临其境"的逼真性，而且能够突破空间、时间以及其他客观限制，感受到真实世界中无法亲身经历的体验。

6. 发掘传承人，保护传承人，培养传承人。优秀的传承人（工匠）是传统建筑技艺留存发展的关键，我们需要从各个角度入手对传承人进行全面保护，保证传承人技艺的活态保护。首先就需要普查、确立不同工种的传承人，明确其身份，肯定其价值，并通过一定的途径给予支持和补助。对那些在传统建筑技艺传承方面作出贡献的传承人进行鼓励表彰，并及时建立传承人名录，对其掌握的传统技艺通过文字、视频、图像等形式予以整理保存建档，以备不时之需。在机会成熟时，需要建立一定的培训体系，提高老艺人的综合素质，吸引新生力量加入到技艺传承的队伍中来。

总之，不管采取何种措施和手段，其目的只有一个，那就是保存、保护好俞源古村落的古民居建筑，并在保护的基础上有选择地开发，推动村落的发展进步，让古村落在新时代焕发出新的气象。

后 记

自接下此书稿任务后，几经波折，终于完成。受主客观条件的影响，编写过程中未得充分展开实地调查和获取细致的一手资料。所以，仰赖俞源古村落研究先行者的丰硕成果，才得以汇编成这本书。在此，笔者必须向参考文献和注释中出现的学者前辈致谢。这本书实不敢称为"编著"，只是本人在遵循丛书编撰宗旨下进行架构,再将前人调查和研究成果加以"汇编"而已。所以,读者朋友万不可寄予过高期望,只把此书当作资料索引即可。

纵然如此,文中仍难免出现错讹之处,文责由编者自负。

2014年3月

责任编辑：方　妍

装帧设计：任惠安

责任校对：高余朵

责任印制：朱圣学

装帧顾问：张　望

图书在版编目（ＣＩＰ）数据

俞源村古建筑群营造技艺 / 衣晓龙, 阴卫编著. －－
杭州 : 浙江摄影出版社, 2014.11（2023.1重印）

（浙江省非物质文化遗产代表作丛书 / 金兴盛主编）

ISBN 978－7－5514－0740－3

Ⅰ.①俞… Ⅱ.①衣… ②阴… Ⅲ.①古建筑—建筑
工程—武义县 Ⅳ.①TU－092.2

中国版本图书馆CIP数据核字（2014）第223588号

俞源村古建筑群营造技艺

衣晓龙　　阴卫　编著

全国百佳图书出版单位

浙江摄影出版社出版发行

　　　地址：杭州市体育场路347号

　　　邮编：310006

　　　网址：www.photo.zjcb.com

制版：浙江新华图文制作有限公司

印刷：廊坊市印艺阁数字科技有限公司

开本：960mm×1270mm　1/32

印张：5.5

2014年11月第1版　　2023年1月第2次印刷

ISBN 978－7－5514－0740－3

定价：44.00元